高等职业教育公共课程“十四五”规划教材

人工智能技术基础

贾树生　焦树海◎主编

中国铁道出版社有限公司
CHINA RAILWAY PUBLISHING HOUSE CO., LTD.

内 容 简 介

本书是一本基于人工智能技术应用与开发的通识类基础教程，内容主要围绕人工智能应用及广泛应用于人工智能开发的 Python 语言展开。

本书首先介绍了人工智能发展、主要应用领域以及 Python 在人工智能中的应用，随后介绍了程序设计语言的相关知识，然后重点介绍了 Python 程序设计语言，内容主要包括 Python 语言的类型和对象、运算符和表达式、编程结构和控制流、序列、函数、模块和 Python 人工智能应用。在介绍知识点的过程中，安排了不少实践示例和课后习题，以帮助读者巩固所学、学以致用，实现理论和实践相结合。

本书是了解和学习人工智能领域的应用与开发的基础语言类教材，主要面向 Python 初学者，适合作为高等院校 Python 程序设计课程的教材，也可作为 Python 应用开发人员的参考资料。

图书在版编目（CIP）数据

人工智能技术基础 / 贾树生，焦树海主编 .—北京：中国铁道出版社有限公司，2021.9

高等职业教育公共课程“十四五”规划教材

ISBN 978-7-113-28313-1

Ⅰ.①人… Ⅱ.①贾…②焦… Ⅲ.①人工智能 - 高等职业教育 - 教材 Ⅳ.① TP18

中国版本图书馆 CIP 数据核字（2021）第 166253 号

书　　名：人工智能技术基础
作　　者：贾树生　焦树海

策　　划：汪　敏　　　　**编辑部电话：**（010）51873628
责任编辑：汪　敏　包　宁
封面设计：刘　颖
责任校对：苗　丹
责任印制：樊启鹏

出版发行：中国铁道出版社有限公司（100054，北京市西城区右安门西街 8 号）
网　　址：http://www.tdpress.com/51eds/
印　　刷：三河市航远印刷有限公司
版　　次：2021 年 9 月第 1 版　2021 年 9 月第 1 次印刷
开　　本：787 mm×1 092 mm　1/16　**印张：**10.5　**字数：**247 千
书　　号：ISBN 978-7-113-28313-1
定　　价：36.00 元

前 言

目前，我国人工智能技术已逐步进入商业化阶段，在智能制造、商业服务、生物技术、自动驾驶、金融科技、医疗、教育等领域呈现出广阔的商业前景。当提到人工智能时就一定会想到Python，有的初学者甚至认为人工智能和Python是画等号的，其实Python是一种计算机程序设计语言，而人工智能通俗地讲就是人为地通过嵌入式技术把程序写入机器中使其实现智能化，显然人工智能和Python是两个不同的概念。人工智能和Python的渊源在于，就像我们统计数据或选择用Excel制作表格时，在需要用到加减乘除或者函数等时，只需要套用公式即可，同理在学习人工智能时Python只是用来操作深度学习框架的工具，实际负责运算的主要模块并不依靠Python，而是功能强大的第三方库。可以说人工智能和Python之间互相促进，人工智能算法促进Python的发展，而Python也让算法更加简单。

Python是一个高层次的结合了解释性、编译性、互动性和面向对象等特性的一种动态的脚本语言，具有丰富和强大的库，常被称为胶水语言。Python提供了丰富的API和工具，以便程序员轻松地使用C语言、C++、Cython来编写扩充模块。Python编译器本身也可以被集成到其他需要脚本语言的程序内，还可以将其他语言编写的程序进行集成和封装，而这也是人工智能的必备知识。Python是目前使用最为广泛的语言之一，在众多领域已经有了广泛的应用，其在人工智能领域则居于核心地位。

本书是一本关于Python在人工智能技术应用的通识读本，旨在培养学生对人工智能的兴趣，使读者能够使用Python编程语言完成简单的逻辑编码，能够使用Python 的第三方库进行简单数据分析、人工智能应用开发，并通过典型案例了解和熟悉人工智能机器学习的一般流程和具体步骤，初步建立机器学习的基本概念和思维模式，培养工程素养，激发学生科技创新思维和理念。

本书由贾树生、焦树海任主编，李佳、杨缨、李爱军、白会肖参与编写。全书由贾树生负责策划、设计。

由于编者时间和水平有限，书中难免存在疏漏和不足之处，恳请读者批评指正。

编　者

2021年6月

目录

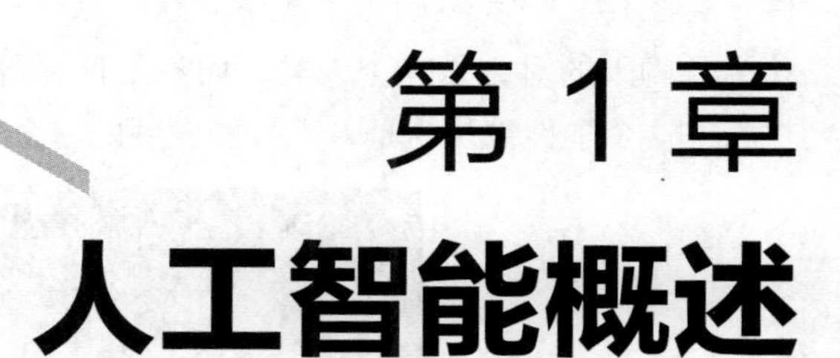

第 1 章 人工智能概述

人工智能技术已逐步进入商业化阶段，在智能制造、商业服务、生物技术、自动驾驶、金融科技、医疗、教育等领域呈现出广阔的商业前景。本章将系统介绍人工智能、人工智能的发展与应用以及人工智能与Python之间的关系。

1.1 人工智能的概念

人工智能（Artificial Intelligence，AI）是研究、开发用于模拟、延伸和扩展人的智能的理论、方法、技术及应用系统的一门新的技术科学，从图灵测试开始逐步进入研究领域。

1.1.1 图灵测试与新图灵测试

1936年，哲学家阿尔弗雷德·艾耶尔曾研究心灵哲学问题：我们怎么知道其他人曾有同样的体验。在《语言、真理与逻辑》中，艾耶尔提出了“有意识的人类及无意识的机器之间的区别”。

1950年，图灵在其论文《计算机器与智能》中预言了创造出具有真正智能的机器的可能性。由于注意到“智能”这一概念难以确切定义，他提出了著名的图灵测试：如果一台机器能够（通过电传设备）在5分钟内回答由人类测试者提出的一系列问题，且被超过30%的测试者不能确定出被测试者是人还是机器，那么这台机器就通过了测试，称这台机器具有智能。图灵测试是人工智能哲学方面第一个严肃的提案，其中的30%是图灵对2000年时的机器思考能力的一个预测。

图灵设想采用“问”与“答”模式，即观察者通过打字机向两个测试对象通话，其中一个是人，另一个是机器。要求观察者不断提出各种问题，从而辨别回答者是人还是机器。

图灵指出：“如果机器在某些现实的条件下，能够非常好地模仿人回答问题，以至提问者在相当长时间里误认它不是机器，那么机器就可以被认为是能够思维的。”

从表面上看，要使机器回答按一定范围提出的问题似乎没有什么困难，可以通过编制特殊的程序来实现。然而，如果提问者并不遵循常规标准，编制回答的程序是极其困难的事情。

美国科学家兼慈善家休·罗布纳为把图灵的设想付诸实践，在20世纪90年代初设立了人工智能年度比赛，比赛分为金、银、铜三等奖。

2014年6月8日，俄罗斯的一个团队开发了名为“尤金·古斯特曼”的人工智能聊天软件（见图1-1），在英国雷丁大学对这一软件进行的测试中，成功地让33%的人类对话参与者认为，聊天的对方是一个人类，而不是计算机，从而成为有史以来首台通过图灵测试的计算机——这个事件被认为是人工智能发展的一个里程碑事件。

图 1-1　人工智能“尤金·古斯特曼”界面

2015年11月，《科学》杂志封面刊登了一篇重磅研究：人工智能终于能像人类一样学习，并通过了图灵测试。测试的对象是一种AI系统，研究者分别展示它未见过的书写系统（如藏文）中的一个字符例子，并让它写出同样的字符、创造相似字符等任务。结果表明这个系统能够迅速学会写陌生的文字，同时还能识别出非本质特征（也就是那些因书写造成的轻微变异），通过了图灵测试，这也是人工智能领域的一大进步。

1980年，约翰·塞尔在《心智、大脑和程序》一文中提到中文屋子思想实验，对图灵测试提出了批评。

数十年来，研究人员一直使用图灵测试来评估机器模仿人类思考的能力，但是这个针对人工智能的评判标准已经使用了60年之久，研究者认为应该更新换代，开发出新的评判标准，以驱动人工智能研究在现代化的方向上更进一步。

新的图灵测试会包括更加复杂的挑战，像由加拿大多伦多大学计算机科学家赫克托·莱维斯克所建议的“威诺格拉德模式挑战”。这个挑战要求人工智能回答关于语句理解的一些常识性问题。例如：“这个纪念品无法装在棕色手提箱内，因为它太大了。问：什么太大了？回答0表示纪念品，回答1表示手提箱。”

加里·马库斯的建议是在图灵测试中增加对复杂资料的理解，包括视频、文本、照片和播客。比如，一个计算机程序可能会被要求“观看”一个电视节目或者YouTube视频，然后根据内容来回答问题，像是“为什么电视剧《绝命毒师》中，老白打算甩开杰西？”

1.1.2 人工智能的定义

人工智能是计算机科学的一个分支，是一门自然科学、社会科学和技术科学交叉的边缘学科（见图1–2），它涉及的学科内容包括哲学和认知科学、数学、神经生理学、心理学、计算机科学、信息论、控制论、不定性论、仿生学、社会结构学与科学发展观等。

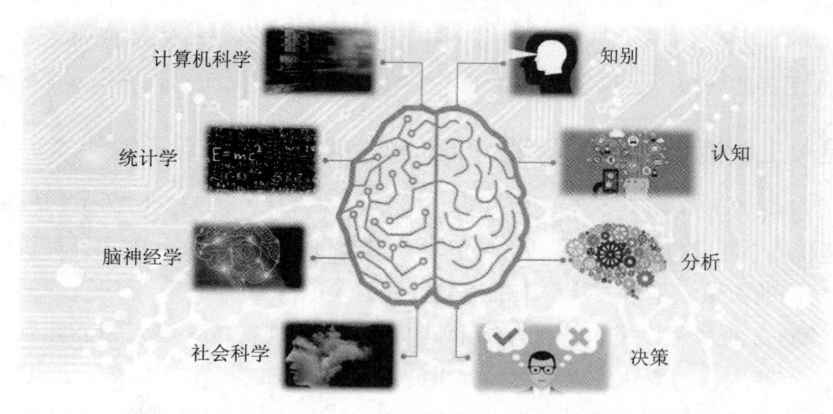

图 1–2 人工智能是一门多学科交叉的边缘学科

人工智能是对人的意识、思维的信息过程的模拟。人工智能不是人的智能，但能像人那样思考，甚至也可能超过人的智能。人工智能企图了解智能的实质，并生产出一种新的能以与人类智能相似的方式做出反应的智能机器。自从诞生以来，人工智能的理论和技术日益成熟，应用领域也不断扩大，可以预期，人工智能所带来的科技产品将会是人类智慧的“容器”，因此，人工智能是一门极富挑战性的学科。

人工智能的定义可以分为两部分，即“人工”和“智能”。所谓“人工”，是考虑人力或人的智力所能制造的，而“智能”则涉及诸如意识、自我、思维等问题。但事实上，人对于人类自身智能的理解，对构成人的智能的必要元素也了解有限，很难准确定义出什么是“人工”制造的“智能”。对人工智能的研究往往涉及对人的智能本身的研究（见图1–3），其他关于动物或人造系统的智能也普遍被认为是与人工智能相关的研究课题。

图 1–3 研究人的智能

尼尔逊教授对人工智能下了这样一个定义：“人工智能是关于知识的学科——怎样表示知识以及怎样获得知识并使用知识的科学。”而温斯顿教授认为：“人工智能就是研究如何使计算机去做过去只有人才能做的智能工作。”这些说法反映了人工智能学科的基本思想和基本内容。

20世纪70年代以来，人工智能被称为世界三大尖端技术之一（空间技术、能源技术、人工智能），也被认为是21世纪三大尖端技术（基因工程、纳米科学、人工智能）之一，这是因为近30年来人工智能获得了迅速发展，在很多领域都获得了广泛应用，取得了丰硕成果。

1.1.3 强人工智能与弱人工智能

对于人的思维模拟可以从两个方向进行，一是结构模拟，仿照人脑的结构机制，制造出“类人脑”的机器；二是功能模拟，从人脑的功能过程进行模拟。现代电子计算机的产生便是对人脑思维功能的模拟，是对人脑思维的信息过程的模拟。

强人工智能又称多元智能。研究人员希望人工智能最终能成为多元智能并且超越大部分人类的能力。有些人认为要达成以上目标，可能需要拟人化的特性，如人工意识或人工大脑。上述问题被认为是人工智能完整性：为了解决其中一个问题，你必须解决全部的问题。即使一个简单和特定的任务，如机器翻译，要求机器按照作者的论点（推理），知道人们谈论的是什么（知识），忠实地再现作者的意图（情感计算）。因此，机器翻译被认为具有人工智能完整性。

强人工智能的观点认为有可能制造出真正能推理和解决问题的智能机器，并且这样的机器将被认为是有知觉的，有自我意识的。强人工智能可以有两类：

（1）类人的人工智能，即机器的思考和推理就像人的思维一样。

（2）非类人的人工智能，即机器产生了和人完全不一样的知觉和意识，使用和人完全不一样的推理方式。

弱人工智能，其观点认为不可能制造出能真正地推理和解决问题的智能机器，这些机器只不过看起来像是智能的，但是并不真正拥有智能，也不会有自主意识。

如今，主流的研究活动都集中在弱人工智能上，并且已经取得可观的成就，而强人工智能的研究则是小有进展。

1.2 人工智能的发展与应用

人工智能的研究范畴包括自然语言学习与处理、知识表现、智能搜索、推理、规划、机器学习、知识获取、组合调度、感知、模式识别、逻辑程序设计、软计算、不精确和不确定的管理、人工生命、神经网络、复杂系统、遗传算法、人类思维方式等。一般认为，人工智能最关键的难题还是机器自主创造性思维能力的塑造与提升。

1.2.1 人工智能的发展历史

繁重的科学和工程计算本来是要人脑来承担的，如今计算机不但能完成这种计算，而且能够比人脑做得更快、更准确，因此，人们已不再把这种计算看作“需要人类智能才能完成的复杂任务”。可见，复杂工作的定义是随着时代的发展和技术的进步而变化的，人工智能的具体目标也随着时代的变化而发展。它一方面不断获得新进展，另一方面又转向更有意义、更加困难的新目标。

科学家已经制造出了无数汽车、火车、飞机这样的技术系统，它们模仿并拓展了人类身体器官的功能。但是，到目前为止，人们仅仅知道人类大脑是由数十亿个神经细胞组成的器官（见图1–4），对它还知之甚少。

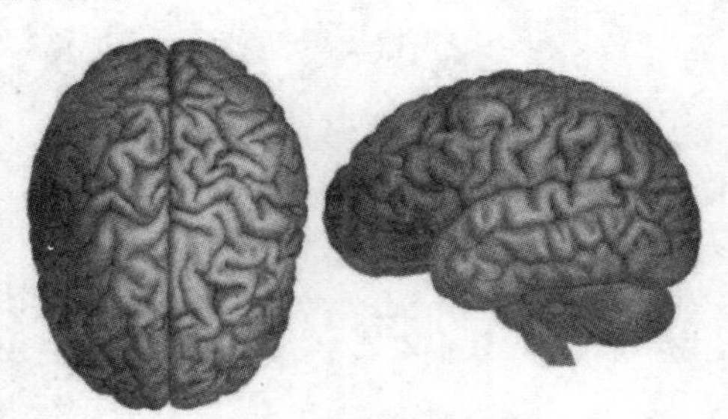

图 1–4 人脑的外观

1. 大师与通用机器

艾伦·麦席森·图灵（1912年6月23日—1954年6月7日，见图1–5），出生于英国伦敦帕丁顿，毕业于普林斯顿大学，是数学家、逻辑学家，被誉为“计算机科学之父”“人工智能之父”，他是计算机逻辑的奠基者。1950年，图灵在其论文《计算机器与智能》中提出了著名的“图灵机”和“图灵测试”等重要概念。

约翰·冯·诺依曼（1903年12月28日—1957年2月8日，见图1–6），出生于匈牙利，毕业于苏黎世联邦工业大学，是数学家，是现代计算机、博弈论、核武器和生化武器等领域内的科学全才，被后人称为“现代计算机之父”和“博弈论之父”。他在泛函分析、遍历理论、几何学、拓扑学和数值分析等众多数学领域及计算机学、量子力学和经济学中都有重大成就，也为第一颗原子弹和第一台电子计算机的研制做出了巨大贡献。

图 1–5 计算机科学之父、人工智能之父——图灵

图 1–6 现代计算机之父、博弈论之父——冯·诺依曼

电子计算机俗称电脑，简称计算机，是一种通用的信息处理机器，它能执行可以详细描述的任何过程。用于描述解决特定问题的步骤序列称为算法，算法可以变成软件（程序），确定硬件（物理机）能做什么和做了什么。创建软件的过程称为编程。

世界上第一台通用电子数字计算机ENIAC（见图1-7）诞生于1946年，中国的第一台电子计算机诞生于1958年。在2020年11月全球TOP500超级计算机榜单上，中国超级计算机数量延续上届强势地位，中国的神威·太湖之光超级计算机保持第四的名次。此届全球超算500强排行榜中国共计217台上榜，而美国以113台排在第二，日本以34台排在第三。

图 1-7　世界上第一台通用计算机 ENIAC

现代计算机被定义为“在可改变的程序的控制下，存储和操纵信息的机器”。这里有两点：

第一，计算机是用于操纵信息的设备。这意味着可以将信息存入计算机，计算机将信息转换为新的、有用的形式，然后显示或以其他方式输出信息。

第二，计算机在可改变的程序的控制下运行。计算机不是唯一能操纵信息的机器。当你使用计算器时，就是在输入信息（数字），处理信息（如计算连续的总和），然后输出信息（如显示）。另一个简单的例子是油泵，给油箱加油时，油泵利用输入的每升汽油的价格和来自传感器的信号，读取汽油流入汽车油箱的速率。油泵将这个输入转换为加了多少汽油和应付多少钱的信息。但计算器或油泵不是完整的计算机，只是含有被构建为执行单个特定任务的嵌入式计算机。

2. 人工智能学科的诞生

电子计算机的出现使信息存储和处理发生了革命性改变，计算机理论的发展产生了计算机科学并最终促使了人工智能的出现。虽然计算机提供了必要的技术基础，但人们直到20世纪50年代早期才注意到人类智能与机器之间的联系，即反馈控制。大家熟悉的一个例子是自动调温器，它将收集到的房间温度与人们希望的温度比较并做出反应，将加热器开大或关小，从而控制环境温度。这项研究的重要性在于：所有的智能活动都是反馈机制的结果，而反馈机制是可以用机器模拟的。这项发现对早期人工智能的发展影响很大。

电子计算机的出现，使技术上最终可以创造出机器智能，人类开始真正有了一个可以模拟人类思维的工具，在以后的岁月中，无数科学家为这个目标努力着。如今，全世界几乎所有大学的计算机系都有人在研究和学习这门学科。

1956年夏季，以麦卡锡、明斯基、罗切斯特和香农等为首的一批有远见卓识的年轻科学家在达特茅斯学会上聚会（见图1-8），共同研究和探讨用机器模拟智能的一系列有关问题，首次提出了“人工智能（AI）”这一术语，标志着“人工智能”这门新兴学科的正式诞生。

1997年5月，IBM公司研制的深蓝计算机战胜了国际象棋大师卡斯帕罗夫，这是人工智能技术的一次完美表现（见图1-9）。

图 1-8　达特茅斯聚会

图 1-9　卡斯帕罗夫与深蓝对弈当中

我国政府以及社会各界都高度重视人工智能学科的发展。2017年12月，人工智能入选“2017年度中国媒体十大流行语”。2019年6月17日，国家新一代人工智能治理专业委员会发布《新一代人工智能治理原则——发展负责任的人工智能》，提出了人工智能治理的框架和行动指南。这是中国促进新一代人工智能健康发展，加强人工智能法律、伦理、社会问题研究，积极推动人工智能全球治理的一项重要成果。

3. 人工智能的发展历程

人工智能60余年的发展历程还是颇费周折的，大致可以划分为以下6个阶段（见图1-10）。

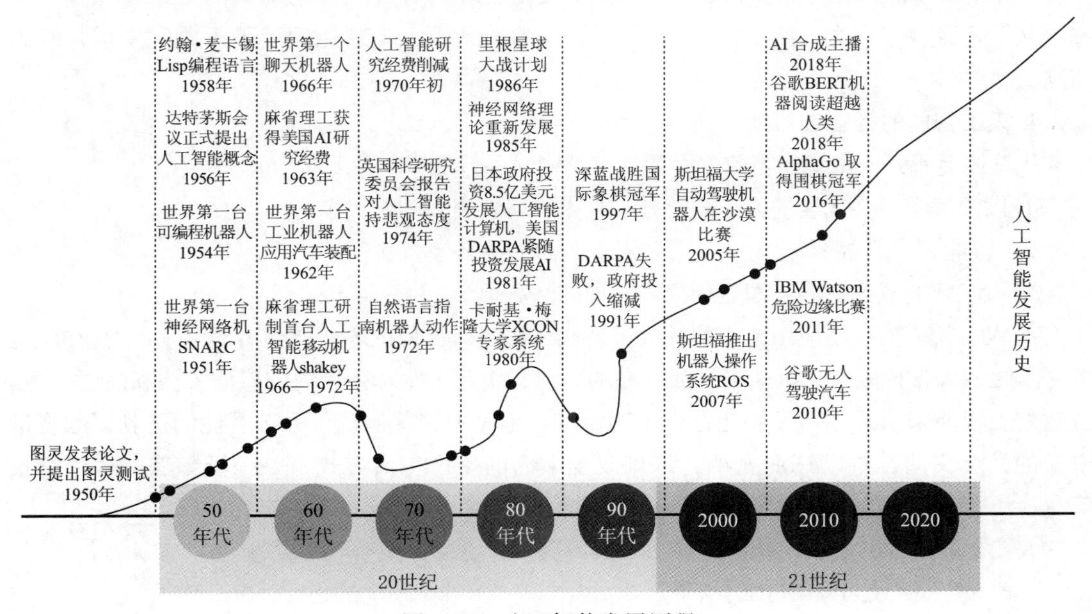

图 1-10　人工智能发展历程

一是起步发展期：1956年～20世纪60年代初。人工智能概念在首次被提出后，相继取得了一批令人瞩目的研究成果，如机器定理证明、跳棋程序、LISP表处理语言等，掀起了人工智能发展的第一个高潮。

二是反思发展期：60 ～70年代初。人工智能发展初期的突破性进展大大提升了人们对人工智能的期望，人们开始尝试更具挑战性的任务，并提出了一些不切实际的研发目标。然而，接二连三的失败和预期目标的落空（例如无法用机器证明两个连续函数之和还是连续函数、机器翻译闹出笑话等），使人工智能的发展走入了低谷。

三是应用发展期：70年代初～80年代中。20世纪70年代出现的专家系统模拟人类专家的知识和经验解决特定领域的问题，实现了人工智能从理论研究走向实际应用、从一般推理策略探讨转向运用专门知识的重大突破。专家系统在医疗、化学、地质等领域取得成功，推动人工智能走入了应用发展的新高潮。

四是低迷发展期：80年代中～90年代中。随着人工智能的应用规模不断扩大，专家系统存在的应用领域狭窄、缺乏常识性知识、知识获取困难、推理方法单一、缺乏分布式功能、难以与现有数据库兼容等问题逐渐暴露出来。

五是稳步发展期：90年代中～2010年。由于网络技术特别是因特网技术的发展，信息与数据的汇聚不断加速，因特网应用的不断普及加速了人工智能的创新研究，促使人工智能技术进一步走向实用化。1997年IBM深蓝超级计算机战胜了国际象棋世界冠军卡斯帕罗夫，2008年IBM提出"智慧地球"的概念，这些都是这一时期的标志性事件。

六是蓬勃发展期：2011年至今。随着因特网、云计算、物联网、大数据等信息技术的发展，泛在感知数据和图形处理器（Graphics Processing Unit，GPU）等计算平台推动以深度神经网络为代表的人工智能技术飞速发展，大幅跨越科学与应用之间的"技术鸿沟"，图像分类、语音识别、知识问答、人机对弈、无人驾驶等具有广阔应用前景的人工智能技术突破了从"不能用、不好用"到"可以用"的技术瓶颈，人工智能发展进入爆发式增长的新高潮。

4. 人工智能的社会必然性

从总体上看，人工智能当前的发展具有"四新"特征：

① 以深度学习为代表的人工智能核心技术取得新突破。

②"智能+"模式的普适应用为经济社会发展注入新动能。

③ 人工智能成为世界各国竞相战略布局的新高地。

④ 人工智能的广泛应用给人类社会带来法律法规、道德伦理、社会治理等一系列新挑战。

因此，人工智能这个机遇与挑战并存的新课题引起了全球范围内的广泛关注和高度重视。虽然人工智能未来的创新发展还存在不确定性，但是大家普遍认可人工智能的蓬勃兴起将带来新的社会文明，推动产业变革，深刻改变人们的生产生活方式，是一场影响深远的科技革命。

人工智能技术的发展反映了生产力发展的要求，它的产生有其必要性。

（1）人工智能是工具进化的结果

与以前的劳动工具相比，人工智能的进步之一是它可以对大脑模拟。人工智能技术超越以往的技术，推动了生产力的发展。此外，与之前的生产工具相比，人工智能丰富了人的内心，强壮了人类的身体。人工智能比以前的工具吸收了更多的肢体功能，它高度模仿人类技能，拟人性强，具有拟人装置的特征。

（2）人工智能响应生产力发展要求

人工智能的传播产生了许多新行业，它们的发展速度和模式超越了以前。在生产过程中应用的任何重大科学和技术创新都需要发展生产工具、设施、工人和生产管理方法，从而进一步提高生产力、扩大能力和提高人类在改变客观世界中的效率。人工智能作为一种辅助器具，协助人类重建客观世界，以最大限度地提高效率，符合生产力发展的要求。人工智能的快速发展，解放了人类的智能、身体能量等，提高管理和机器生产效率，扩大工人的实际领域，丰富工人转换对象，从而提高生产力。

1.2.2　人工智能的研究领域

用来研究人工智能的主要物质基础以及能够实现人工智能技术平台的机器就是计算机，人工智能的发展是和计算机科学技术以及其他很多科学的发展联系在一起的（见图1–11）。人工智能学科研究的主要内容包括：知识表示、自动推理和搜索方法、机器学习（深度学习）和知识获取、知识处理系统、自然语言处理、计算机视觉、智能机器人、自动程序设计、数据挖掘等方面。

1. 深度学习

深度学习是无监督学习的一种，是基于现有的数据进行学习操作，是机器学习研究中的一个新的领域，其动机在于建立、模拟人脑进行分析学习的神经网络，它模仿人脑的机制来解释数据，如图像、声音和文本（见图1–12）。

现实生活中常常会有这样的问题：缺乏足够的先验知识，因此难以人工标注类别或进行人工类别标注的成本太高。很自然地，人们希望计算机能代我们完成这些工作，或至少提供一些帮助。根据类别未知（没有被标记）的训练样本解决模式识别中的各种问题，称为无监督学习。

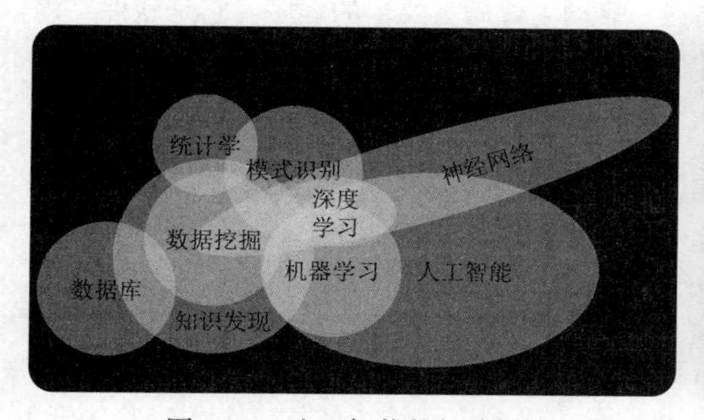

图 1–11　人工智能的相关领域

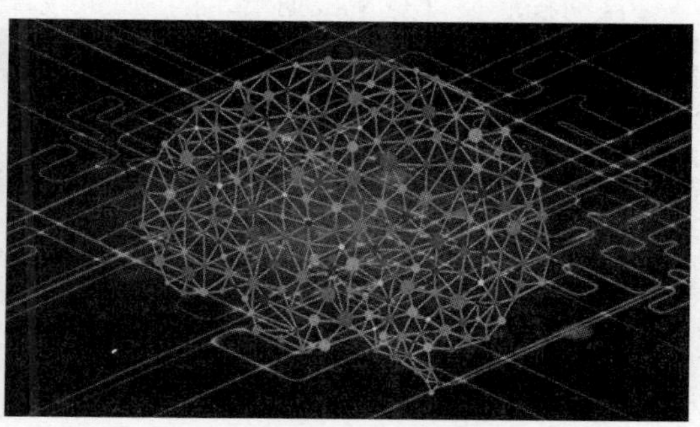
图 1–12　神经网络与深度学习

2. 自然语言处理

这是用自然语言同计算机进行通信的一种技术。作为人工智能的分支学科，研究用电子计算机模拟人的语言交际过程，使计算机能理解和运用人类社会的自然语言（如汉语、英语等），实现人机之间的自然语言通信，以代替人的部分脑力劳动，包括查询资料、解答问题、摘录文献、汇编资料以及一切有关自然语言信息的加工处理。

3. 机器视觉

机器视觉又称计算机视觉，是指用摄影机和计算机等各种成像系统代替人眼等视觉器官作为输入手段，由计算机来代替大脑对目标进行识别、跟踪和测量等机器视觉，并进一步做图形处理和解释（见图1–13）。机器视觉的最终研究目标就是使计算机能像人那样通过视觉观察和理解世界，具有自主适应环境的能力，它的应用包括控制过程、导航、自动检测等方面。

4. 智能机器人

如今我们的身边逐渐出现很多智能机器人（见图1–14），它们具备形形色色的内、外部信息传感器，如视觉、听觉、触觉、嗅觉。除具有感受器外，它还有效应器，作为作用于周围环境的手段。这些机器人都离不开人工智能的技术支持。

图 1–13　计算机视觉应用

图 1–14　智能机器人

科学家们认为，智能机器人的研发方向是，给机器人装上“大脑芯片”，从而使其智能性更强，在认知学习、自动组织、对模糊信息的综合处理等方面将会前进一大步。

5. 自动程序设计

自动程序设计是指根据给定问题的原始描述，自动生成满足要求的程序。它是软件工程和人工智能相结合的研究课题。自动程序设计主要包含程序综合和程序验证两方面内容。前者实现自动编程，即用户只需告知机器“做什么”，无须告诉它“怎么做”，下一步工作由机器自动完成；后者是程序的自动验证，自动完成正确性的检查。其目的是提高软件生产率和软件产品质量。

该研究的重大贡献之一是把程序调试的概念作为问题求解的策略来使用。

6. 数据挖掘

一般是指从大量数据中通过算法搜索隐藏于其中的信息的过程。它通常与计算机科学有关，并通过统计、在线分析处理、情报检索、机器学习、专家系统（依靠过去的经验法则）和模式识别等诸多方法来实现上述目标。它的分析方法包括：分类、估计、预测、相关性分组或关联规则、聚类和复杂数据类型挖掘。

人工智能技术的三大结合领域分别是大数据、物联网和边缘计算（云计算）。经过多年的发展，大数据目前在技术体系上已经趋于成熟，而且机器学习也是大数据分析比较常见的方式。物联网是人工智能的基础，也是未来智能体重要的落地应用场景，所以学习人工智能技术也离不开物联网知识。人工智能领域的研发对于数学基础的要求比较高，具有扎实的数学基础对于掌握人工智能技术很有帮助。

1.3 人工智能与Python

人工智能在计算机上实现时有两种不同的方式，为了得到相同的智能效果，两种方式通常都可使用。

一种是采用传统编程技术，使系统呈现智能的效果，而不考虑该方法是否与人或动物机体所用方法相同。这种方法称为工程学方法，已在一些领域内有了成果，如文字识别、计算机下棋等。采用传统的编程技术，需要人工详细规定程序逻辑，如果游戏简单，还比较方便。如果游戏复杂，角色数量和活动空间增加，相应的逻辑就会很复杂（按指数式增长），人工编程就非常烦琐，容易出错。而一旦出错，就必须修改原程序，重新编译、调试，最后为用户提供一个新的版本或提供一个新补丁。

另一种是模拟法，它不仅要看效果，还要求实现方法也和人类或生物机体所用的方法相同或相类似。遗传算法和人工神经网络均属这个类型。遗传算法模拟人类或生物的遗传——进化机制，人工神经网络则是模拟人类或动物大脑中神经细胞的活动方式。采用模拟法时，编程者要为每一角色设计一个智能系统（一个模块）来进行控制，这个智能系统（模块）开始什么也不懂，但它能够学习，渐渐适应环境，应付各种复杂情况。这种系统开始也常犯错误，但它能吸取教训，下一次运行时就可能改正，不用发布新版本或打补丁。利用这种方法来实现人工智能，要求编程者具有生物学的思考方法，入门难度大一点。但一旦入门，就可以得到广泛应用。由于这种方法编程时无须对角色的活动规律做详细规定，应用于复杂问题，通常会比前一种方法更省力。

Python语言是一个高层次的结合了解释性、编译性、互动性和面向对象等特性的脚本语言，在众多领域已经有了广泛的应用，在人工智能领域则居于核心地位。Python是目前使用最广泛的语言之一，特别是在数据分析和人工智能领域，使用尤其广泛。

1. 科学计算

随着NumPy、SciPy、Matplotlib、Enthoughtlibrarys等程序库的开发，Python越来越适合于科学计算，是一门通用的程序设计语言。比Matlab所采用的脚本语言的应用范围更广泛，有更多程序库的支持。可以解决很多科学计算问题，比如微分方程、矩阵解析、概率分布等数学问题。

2. 自动化

Python是运维工程师首选的编程语言，Python在自动化运维方面应用广泛，Saltstack和Ansible都是著名的自动化平台。

3. 常规软件开发

Python支持函数式编程和OOP面向对象编程，能够承担任何种类软件的开发工作，因此常规的软件开发、脚本编写、网络编程等都属于标配能力。

4. Web开发

基于Python的Web开发框架应用范围非常广，开发速度非常快，能够帮助开发者快速搭建起可用的Web服务。Python是Web开发的主流语言，Python也具有独特的优势。对于同一个开发需求能够提供多种方案。库的内容丰富，使用方便。Python在Web方面也有自己的框架，如django和flask等。可以说用Python开发的Web项目小而精，支持最新的XML技术，而且数据处理的功能较为强大。

5. 数据分析

Python是数据分析的主流语言之一。Python用来做数据分析，通常用C设计一些底层的算法进行封装，然后用Python进行调用。因为算法模块较为固定，所以用Python直接进行调用，方便且灵活，可以根据数据分析与统计的需要灵活使用。Python是一个比较完善的数据分析生态系统（其中Matplotlib经常会被用来绘制数据图表），有着良好的跨平台交互特性。

Pandas是在做数据分析时常用的数据分析包，也是很好用的开源工具。可对较为复杂的二维或三维数组进行计算，同时还可以处理关系型数据库中的数据，Python的数据分析功能要强于R语言。在大量数据的基础上，结合科学计算、机器学习等技术，对数据进行清洗、去重、规格化和针对性的分析是大数据行业的基石。

6. 人工智能

Python在人工智能大范畴领域内的机器学习、神经网络、深度学习等方面都是主流的编程语言，得到广泛的支持和应用。在人工智能的应用方面，Python具有强大而丰富的库以及数据分析能力。在神经网络、深度学习方面，Python都能够找到比较成熟的包来加以调用。而且Python是面向对象的动态语言，且适用于科学计算，这就使得Python在人工智能方面备受青睐。虽然人工智能程序不限于Python，但依旧为Python提供了大量的调用程序接口（API），这也正是因为Python当中包含较多适用于人工智能的模块。调用方便使得Python在AI领域具有非常强大的竞争力。

习　题

1. 什么是人工智能？
2. 什么是图灵测试？
3. 强人工智能与弱人工智能有哪些区别？

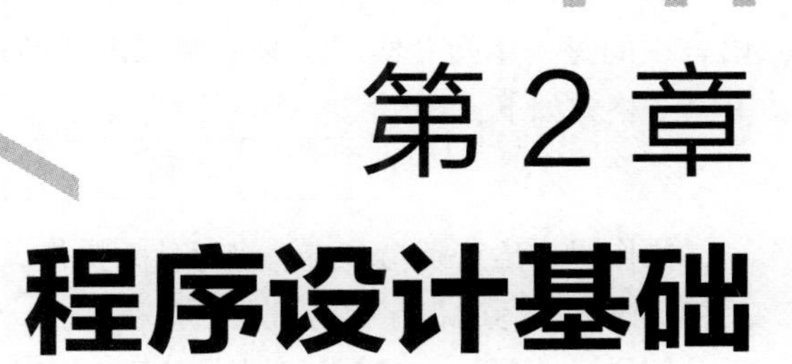

第2章 程序设计基础

程序设计是给出解决特定问题程序的过程，是软件构造活动中的重要组成部分。程序设计往往以某种程序设计语言为工具，给出这种语言下的程序。本章将系统介绍程序设计语言、程序的设计与运行、Python语言以及Python开发环境的部署。

2.1 程序设计语言概述

程序设计语言是为了描述计算过程而设计的具有语法和语义描述的符号集合。对计算机使用者而言，程序设计语言是除计算机本身之外的所有工具中最重要的工具，是其他所有工具的基础。基于程序设计语言的这种重要性，从计算机出现以来，人们一直在研制更新更好的程序设计语言，其数量在不断激增，目前已出现的各种程序设计语言有成百上千个，但只有极少数的程序语言得到了广泛应用。

程序设计语言是伴随计算机诞生、共同发展起来的，已形成了规模庞大的系列。随着计算机的日益普及和性能的不断改进，程序设计语言也相应得到了迅猛发展。程序设计语言发展经历了机器语言、汇编语言和高级语言发展过程。从机器语言到汇编语言的发展，由于助记符的采用，增强了程序设计语言的可记忆性和提高了源代码的可读性；从汇编语言到高级语言的发展，则增强了程序设计语言的可理解性和提高了语言表达的效率。程序设计语言的分类如图2–1所示。

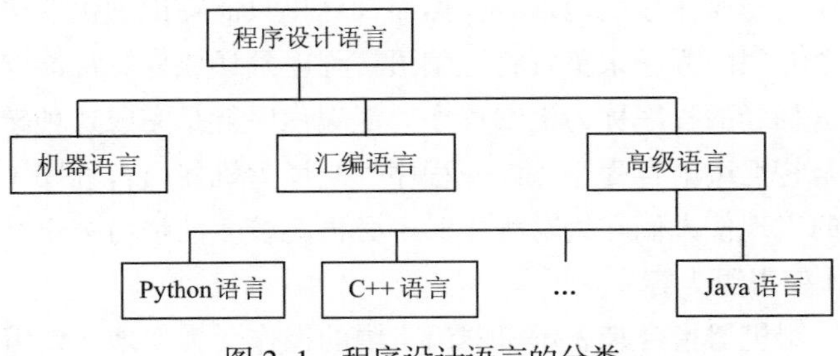

图 2–1　程序设计语言的分类

2.1.1 机器语言

机器语言是最早出现的计算机程序设计语言，是机器能直接识别的程序语言或指令代码，无须经过翻译，每一操作码在计算机内部都有相应的电路来完成它，或指不经翻译即可为机器直接理解和接受的程序语言或指令代码。机器语言使用绝对地址和绝对操作码。不同的计算机都有各自的机器语言，即指令系统。从使用的角度看，机器语言是最低级的语言。机器语言中的每一条指令实际上是一条二进制形式的指令代码，由操作码和操作数两部分组成，其指令格式如下：

操作码	操作数 / 操作数地址

操作码指出这条指令应该进行什么操作，操作数指出参与操作的数本身或它所在的地址。用机器语言书写的程序称为机器语言程序。

例如：计算A=15+10的机器语言程序如下：

```
1011000000001111 : 把15放入累加器A中
0010110000001010 : 10与累加器A中的值相加，结果仍放入A中
11110100         : 结束，停机
```

由此可以看出，机器指令的功能很弱，而且记忆和理解都比较困难，很多工作（如把十进制数表示为计算机能识别的二进制数）都要人工完成。因此，用机器语言书写程序时，程序设计人员不仅非常费力，而且编写程序的效率还非常低，特别是在程序有错需要修改时，更是如此。而且，由于每类计算机的指令系统往往各不相同，所以，在一台计算机上执行的程序，要想在另一台计算机上执行，必须另行设计程序，造成了重复工作。

2.1.2 汇编语言

为了增强机器语言程序的可理解性和可阅读性，用一些简洁的英文字母、符号串等助记符来代替一个特定指令的二进制代码，即用助记符来代替指令的操作码和地址码。通常将这种程序设计语言称为汇编语言，利用汇编语言编写的程序称为汇编语言程序。

例如，计算A=15+10的汇编语言程序如下：

```
MOV A,15   : 把15放入累加器A中
ADD A,10   : 10与累加器A中的值相加，结果仍放入A中
HLT        : 结束，停机
```

汇编语言也是一种面向机器的程序设计语言，它与机器的逻辑结构相关，用助记符号来表示机器指令的操作码与操作数的地址码。然而计算机只能够识别机器语言，并不认识这些符号，这就需要一个专门的程序来负责将汇编语言程序翻译成计算机能够直接理解与执行的机器语言程序，负责翻译的程序称为汇编程序。汇编程序就是完成这种转换工作的一种专门的程序。汇编程序是将汇编语言程序（即源程序）翻译为机器语言程序（即目标程序）的一种程序。汇编语言的出现使人们在编写程序时不必再花较多的精力去记忆、查询机器代码与地址，程序设计工作变得更为容易。

在机器语言中，用机器指令来表示机器语言中的操作。类似地，汇编语言中用汇编指令

来表示汇编语言中的操作。汇编语言和机器语言基本上是一一对应的。也就是说，对大多数汇编语言中的指令来说，在机器语言中都存在一条功能相同的机器指令。例如：如果汇编语言中用LOAD表示取数操作，对应机器指令的操作码为10；汇编语言中用STORE表示存数操作，对应机器指令的操作码为20；汇编语言中用ADD表示加法操作，对应机器指令的操作码为30；汇编语言中用HLT表示结束程序运行操作，对应机器指令的操作码为00，等等。

尽管与机器语言相比，汇编语言的抽象程度要高得多，但由于它们之间是一对一的关系，用它编写一个很简单的程序，也要使用数百条指令。为了解决这个问题，人们研制出了宏汇编语言，一条宏汇编指令可以翻译成多条机器指令，这使得程序设计工作量得以减轻。为了解决由多人编写的大程序的拼装问题，人们研制出了连接程序，它用于把多个独立编写的程序块连接组装成一个完整的程序。

由于汇编语言同样与机器结构相关，所以移植性不好，但效率仍十分高、速度快，针对计算机特定硬件而编制的汇编语言程序，能准确发挥计算机硬件的功能和特长，程序精练且质量好，所以至今仍是一种常用而强有力的软件开发语言，目前大多数外围设备的驱动程序都使用汇编语言书写。

2.1.3　高级程序设计语言

1.高级语言简介

虽然用汇编语言编写程序比用机器语言编写程序方便，但用汇编语言编写程序仍然不是一件容易的事情。从最初与计算机交流的经历中，人们意识到应该设计一种接近于数学语言或人类的自然语言，同时又不依赖于具体的计算机结构，编写的程序能在所有机器上通用。这种语言就是高级程序设计语言（简称高级语言），即第三代计算机语言。高级语言是在伪码形式描述算法的基础上发展而来的，与汇编语言相比，高级程序设计语言的抽象度高，与具体计算机的相关度低（或没有相关度），容易理解和有利于对解题过程进行描述的程序语言，求解问题的方法描述直观，因此用高级语言设计程序的难度较以前大大降低。

高级语言的出现推动了软件的发展，也是目前计算机得到广泛应用的一个重要原因。

2.高级语言的发展

高级语言的发展经历了从早期的语言到结构化程序设计语言、从面向过程的语言到非过程化程序语言的过程。相应地，软件的开发也由最初的个体手工作坊式的封闭式生产，发展为产业化、流水线式的工业化生产。

（1）高级语言初创时期

高级程序语言初创于20世纪50年代，主要代表有FORTRAN语言、ALGOL语言和COBOL语言。

（2）高级语言发展初期

在20世纪60年代初期，编译技术与理论的研究得到了快速进展，许多语言翻译中的困难问题得到了解决，这就使人们把注意力放在各种新的程序设计语言的研制上，进而促使程序设计语言数目成指数般激增。在整个20世纪60年代中，人们至少研制了200多种高级语言。其中较为成功的有Lisp语言、BASIC语言等。

（3）结构程序设计时期

1968年E.W.Dijkstra指出了语言中使用转向语句所带来的问题，从而引发了程序设计语言中要不要使用转向语句的讨论，这场讨论使人们开始注重对程序设计方法进行研究，从而促使结构程序设计方法出现。这一时期比较著名的语言有Pascal、Modula、C、Ada等。

（4）多范型程序设计语言时期

在高级程序设计语言问世以后的几十年间，尽管在20世纪60年代出现了Lisp、APL与SNOBOL4等非过程式（非强制式）程序设计语言，但仍然是以过程性语言为主流。但自从J.Backus在1978年图灵奖获奖讲演中指出了传统过程性语言的不足之后，人们开始探索其他风格、其他范型的程序设计语言。非过程式语言范型主要有函数式语言、逻辑式语言、面向对象式语言与关系式语言等。

3.高级语言的分类

高级语言的主要分类方法有：基于设计要求划分、基于应用范围划分、基于描述问题的方式划分等。其中，基于描述问题的方式划分是最常用的分类方法。

（1）基于设计要求划分

按照用户的要求，程序设计语言分为过程式语言和非过程式语言。过程式语言的主要特征是，用户可以指明一列可顺序执行的运算，以表示相应的计算过程，如FORTRAN、COBOL、PASCAL等。非过程式语言的定义是相对于过程式语言来说的，凡是设计者无法将求解过程表示为一列可以顺序执行的运算步骤的语言都是非过程式语言。非过程式语言的典型代表有PROLOG语言。例如，用PROLOG语言编写的程序以逻辑推理为问题求解的基础，而不是通过给出一列可以顺序执行的运算步骤来描述求解步骤。PROLOG语言程序的执行过程是按照程序语句的逻辑次序来执行，这种逻辑次序和FORTRAN语言描述的执行过程完全不同。

（2）基于描述问题的方式划分

根据描述问题的方式不同，可以将高级语言分为命令型语言、函数型语言、描述型语言和面向对象型语言。命令型语言是出现最早和曾经使用最多的高级语言。命令型语言的特点是计算机按照该语言描述的操作步骤来执行。换句话说，命令型语言程序中的语句就是要求计算机执行的命令。FORTRAN语言、COBOL语言、ALGOL语言、BASIC语言、C语言、Pascal语言、Ada语言、APL语言等都属于命令型语言。函数型语言的特点是把问题求解过程表示成块结构，对块的调用者来说，每个块都有输入数据和经过加工处理后的输出数据。这样，每个块的功能类似数学的函数功能，所以将这种语言称为函数型语言。LISP语言、ML语言等都属于函数型语言。如果说命令型语言强调的是求解问题的步骤是什么的话，那么，描述型语言强调的是问题是什么。描述型语言的特点是设计者给出的是问题的描述，计算机根据对问题描述的逻辑进行处理。由于这类高级语言是基于逻辑的，所以又称逻辑型语言。PROLOG语言、GPSS语言等属于描述型语言。面向对象型语言的特点是把数据以及处理它们的子程序统一作为对象封装在一起进行处理，例如C++语言、C#语言和Java语言等。

（3）基于应用范围划分

基于应用范围划分为通用语言与专用语言。目标单一的语言称为专用语言，如APT等；非目标专一的语言称为通用语言，如FORTRAN、COLBAL、PASCAL、C等。

（4）基于使用方式划分为交互式语言和非交互式语言

具有反映人机交互作用的语言称为交互式语言，如BASIC等；不反映人机交互作用的语言称为非交互式语言，如FORTRAN、COBOL、ALGOL69、PASCAL、C等。

（5）基于成分性质划分为顺序语言、并发语言和分布语言

只含顺序成分的语言称为顺序语言，如FORTRAN、C等；含有并发成分的语言称为并发语言，如PASCAL、Modula和Ada等。

4. 解释程序与编译程序

一般来说，当源程序代码编写完成后，必须转换成机器所能理解的机器语言程序之后，才可以执行。在程序语言中，利用了一个程序来完成这种转换，根据转换的方式不同，可将其分为解释方式和编译方式，而将完成这种转换功能的转换程序分为解释程序与编译程序。如果这种转换程序是解释器，那么解释器相当于口译翻译；如果这种转换程序是编译器，那么编译器相当于笔译翻译，可以从下述的内容中进一步理解解释器和编译器在工作方式上的区别。

（1）解释程序

由于解释器只需要翻译一行执行一行，所以占用的内存空间较少，但是每一行程序在执行前才被翻译，将导致翻译会延迟执行时间，因此执行的速度会变慢，效率也较低。如图2–2所示，Python语言就属于采用这种边解释边执行方式的程序语言。

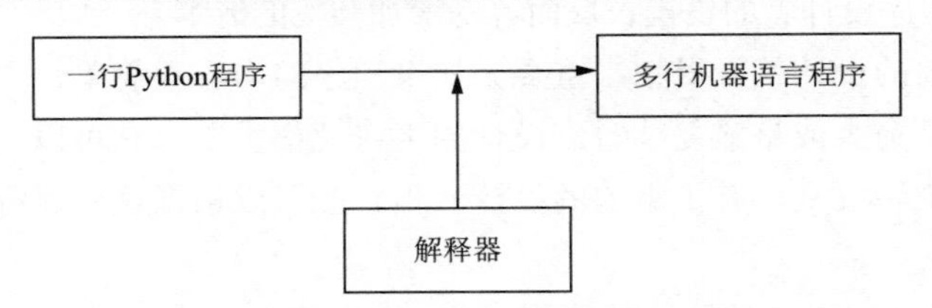

图2–2 基于解释器的程序执行过程

（2）编译程序

编译方式是将整个程序都检查完之后，产生一个目标文件（OBJ文件），将其他要连接进来的程序连接后，再执行该程序，如图2–3所示。源程序每修改一次，就必须重新编译，才能保持其可执行文件为最新的状况，同时，在执行的过程中也不需要因为等待程序的编译而中断。经过编译程序所编译出来的程序，在执行时不需要再翻译，因此，执行效率与速度远高于解释程序，但是，编译方式也存在缺点，由于编译器会产生目标文件等相关文件，也较占用内存空间。在计算机系统或子系统的设计中，经常在执行速度与存储空间之间折中。或者用牺牲存储空间换取节省执行时间，或者用牺牲执行时间换取节省存储空间。常用的编译式

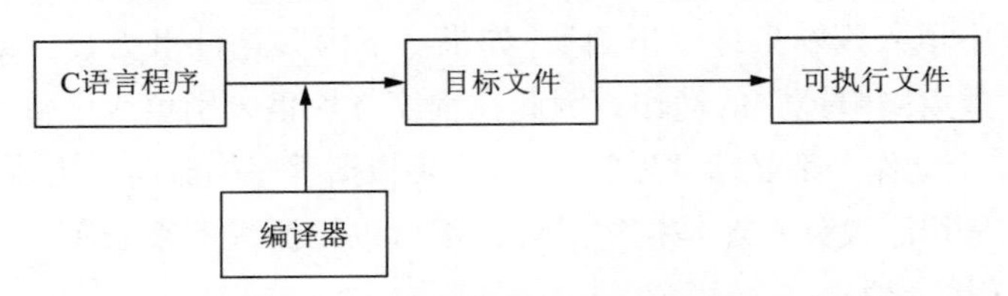

图2–3 基于编译器的程序执行过程

程序语言有C、COBOL、PASCAL等。然而C语言的执行效率与使用的普遍性远超过其他程序语言。

程序设计语言是软件的重要研究领域，其发展趋势是模块化、简明化、形式化、并行化和可视化。由于以对象为基础的面向对象的高级语言较传统程序设计语言更符合人类思维和求解问题的方式，所以近年来，面向对象的高级语言发展迅速。目前，面向对象的高级语言已成为程序设计语言发展的主流。

2.2 程序的设计与运行

一般来说，程序的设计主要分为自顶向下与自底向上两种设计方法。在程序设计过程中，如果能够将问题分解成多个模块，可再将这些模块分别分解成更小的模块，依此类推，直到分解成最容易编写的最小模块为止，这种程序设计方式称为自顶向下法，显然，这是一种还原论的方法。利用自顶向下的方式所编写的程序，其结构有层次，容易理解和维护，同时可以降低开发成本，但是在程序分解成模块的过程中，可能因此占用较多的内存空间，造成执行时间过长。

如果在程序设计时，先将整个问题中最简单的部分编写出来，再一一结合各个部分以完成整个程序，这种设计方式称为自底向上法。利用自底向上的方式所编写的程序，不太容易看懂和维护，造成程序设计者的负担，反而容易增加开发的成本。

因此编写程序前的设计就显得相当重要，如果程序的内容很简单，当然可以马上把程序写出来；但是当程序愈大或是愈复杂时，设计的工作就很重要，它可以让程序设计有明确的方向，避免程序的逻辑混乱。有了事前的设计流程，就可以根据这个流程来一步一步设计出所需的程序。

通常设计程序分为六个步骤，如下所述。

2.2.1 规划程序

首先，必须明确编写某个程序的目的、程序的用户对象以及需求度，如计算员工每个月的工资、绘制图表、数据排序等，再根据这些数据及程序语言的特性，选择一个合适的程序语言，来达到设计程序的目的。可以在纸上先绘制出简单的流程图，将程序起始到结束的过程写出，一方面，便于理清程序的思路；另一方面，可以根据这个流程图进行编写程序的工作。图2–4所示为绘制流程图时常用的流程图符号介绍。

以一个日常生活的例子“出门时如果下雨就带伞，否则戴太阳眼镜”，简单地说明如何绘制程序流程图。

在菱形选择框中填入判断条件“下雨”，如果“下雨”这件事为真，即执行“带伞”的动作，否则执行“戴太阳眼镜”的动作，因此在程序方块里分别填入“带伞”及“戴太阳眼镜”，不管执行哪一个动作，都必须“出门”，最后再根据程序的流向，用箭头表示清楚。

可以发现不管是程序设计，还是描述过程，都可以用流程图来表示，因此学习绘制流程图能够增加描述过程的能力。

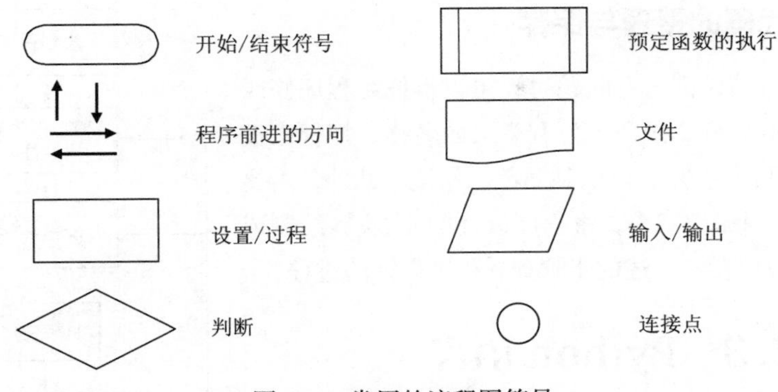

图 2–4　常用的流程图符号

2.2.2　编写程序代码及注释

程序经过先前的规划之后，便可以根据所绘制的流程图来编写程序内容。通过比较发现，这种方式会比边写边想下一步该怎么做要快得多。如果事先没有规划程序，在边写边想时，往往会写了又改，改了又写，却一直都达不到满意效果。当很久没有修改这个程序，或是别人必须维护程序时，如果在程序中加上了注释，可以增加这个程序的可阅读性，相对地也增加了程序维护的容易程度，可节省日后程序维护所需的时间。

2.2.3　编译程序代码

程序设计完成之后，需要将程序代码转换成计算机能够理解的语言。通过编译器（或编译程序）完成转换，经过编译程序转换后，只有在没有错误的时候，源程序才会变成可执行程序。当编译器在转换过程中碰到不认识的语法、未定义的变量等时，必须先把这些错误纠正过来，再重新编译完成，没有错误后，才可以执行所设计的程序。

2.2.4　执行程序

通常编译完程序，没有错误后，编译程序会生成一个可执行文件，在DOS或UNIX环境下，只要输入文件名即可执行程序。而在Turbo C、Visual C++或Dev C++环境中，通常只要按下某些快捷键或者选择某个菜单即可执行程序。

所编写的程序经过编译与连接，将生成可执行程序，执行后，即可获得程序运行的结果。

2.2.5　排错与测试

如果所编写的程序能一次就顺利地达到目标，但是有的时候，会发现虽然程序可以执行，但执行后却不是期望的结果。此时可能犯了语义错误，也就是说，程序本身的语法没有问题，但在逻辑上可能有些错误，生成非预期的结果。所以必须逐一确定每一行程序的逻辑是否有误，再将错误改正。如果程序的错误是一般的语法错误，就显得简单得多，只要把编译程序所指出的错误纠正后，再重新编译，即可将源程序生成可执行程序。除了排错之外，也必须给予这个程序不同的数据，以测试它是否正确，这也可以帮助找出程序规划的合理性。

2.2.6 程序代码的整理与保存

当程序的执行结果都没有问题时，可以再把源程序修改得更容易阅读（例如将变量命名为有意义的名称、把程序核心部分的逻辑重新简化等），以做到简单、易读。此外，需要将程序保存下来。在图2–5中，将程序设计的6大步骤绘制成流程图的方式，可以参考上述的步骤查看程序设计的过程。

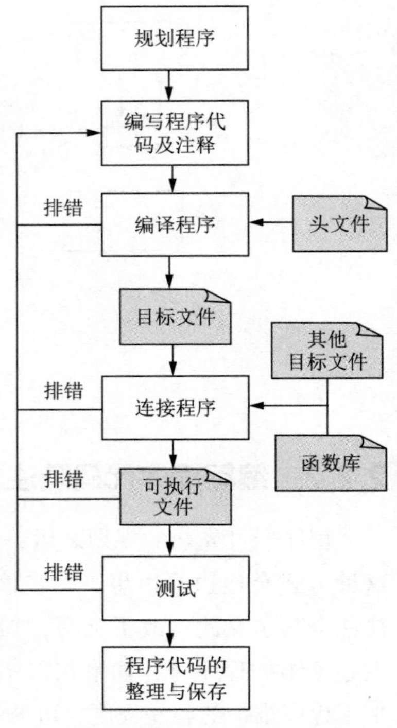

图 2–5　程序设计的基本流程

2.3 Python 语言

Python是一个结合了解释性、编译性、互动性和面向对象的程序语言。Python的设计具有很强的可读性，语法结构更具有特色。Python语言是解释型语言，与PHP和Perl语言类似，在开发过程中无编译环节。Python是交互式语言，可以在一个Python提示符下直接交互式执行程序。Python是面向对象语言，支持面向对象的风格或代码封装于对象的编程技术。Python解决问题快速，提供了丰富的内置对象、运算符和标准库，极大地开拓了Python的应用领域，几乎渗透到所有的学科领域。

2.3.1 Python 语言的特点

1. 易于学习

Python有较少的关键字、结构简单、语法简捷，更加简单易学。

2. 易于阅读

Python语言程序定义清晰，便于阅读。Python与其他语言显著的差异是它没有其他语言通常用来访问变量、定义代码块和进行模式匹配的命令式符号，这就使得Python代码的定义更加清晰和易于阅读。

3. 易于维护

Python语言的源代码容易维护。源代码维护是软件开发生命周期的组成部分。Python的成功很大程度上要归功于其源代码易于维护，当代码很长且复杂度很高时更突出了易于维护的特点。

4. 一个广泛的标准库

Python的最大优势之一是具有丰富的库，是跨平台的，提供了非常完善的基础代码库，便于应用。

5. 互动模式

借助互动模式的支持，可以从终端输入执行代码并获得结果，互动地测试和调试代码片断。

6. 可移植

基于其开放源代码的特性，Python可以移植到多种平台上。因为Python是用C语言编写的，又由于C的可移植性，使得Python可以运行在任何带有ANSI C编译器的平台上。尽管有一些针对不同平台开发的特有模块，但是在任何一个平台上用Python开发的通用软件都可以稍加修改或者原封不动地在其他平台上运行。这种可移植性既适用于不同的架构，也适用于不同的操作系统。

7. 可扩展

可以使用C或C++完成运行很快，但不愿开放的那部分程序，然后从Python程序中调用。

8. 数据库

Python提供所有主要的商业数据库的接口。

9. GUI编程

Python支持GUI，可以创建和移植到许多系统中调用。

10. 可嵌入

可以将Python嵌入到C/C++程序，使程序的用户获得脚本化的能力。

2.3.2　Python 开发环境部署

1. Python的安装

（1）下载Python

Python下载官网：https://www.python.org/（见图2–6）。单击Downloads按钮。

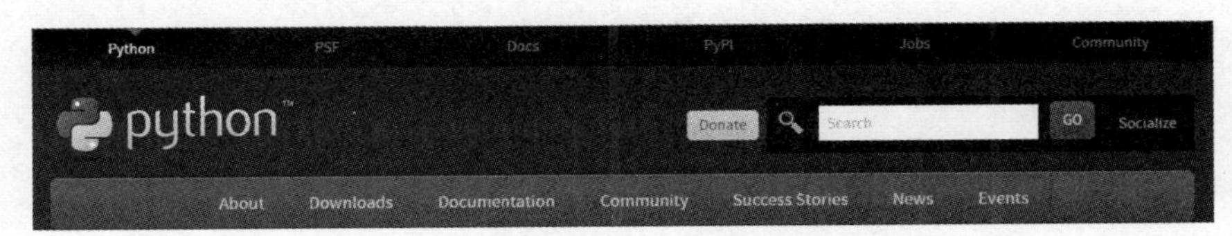

图 2–6　Python 下载官网

选择要安装的版本，这里选择Python 3.8.8（见图2–7），进入下载页面进行下载，如图2–8所示。

（2）安装Python

双击Python 3.8.8安装包，开始安装。安装时务必先选中Add Python 3.8 to PATH复选框，然后选择Install Now开始安装，如图2–9所示。

Looking for a specific release?

Python releases by version number:

Release version	Release date		Click for more
Python 3.8.9	April 2, 2021	Download	Release Notes
Python 3.9.2	Feb. 19, 2021	Download	Release Notes
Python 3.8.8	Feb. 19, 2021	Download	Release Notes
Python 3.6.13	Feb. 15, 2021	Download	Release Notes
Python 3.7.10	Feb. 15, 2021	Download	Release Notes
Python 3.8.7	Dec. 21, 2020	Download	Release Notes
Python 3.9.1	Dec. 7, 2020	Download	Release Notes

View older releases

图 2–7　Python 版本信息

Files

Version	Operating System	Description	MD5 Sum	File Size	GPG
Gzipped source tarball	Source release		d3af3b87e134c01c7f054205703adda2	24483485	SIG
XZ compressed source tarball	Source release		23e6b769857233c1ac07b6be7442eff4	18271736	SIG
macOS 64-bit intel installer	Mac OS X	for macOS 10.9 and later	3b039200febdd1fa54a8d724dee732bc	29819402	SIG
Windows embeddable package (32-bit)	Windows		b3e271ee4fafce0ba784bd1b84c253ae	7332875	SIG
Windows embeddable package (64-bit)	Windows		2096fb5e665c6d2e746da7ff5f31d5db	8193305	SIG
Windows help file	Windows		d30810feed2382840ad1fbc9fce97002	8592431	SIG
Windows installer (32-bit)	Windows		94773b062cc8da66e37ea8ba323eb56a	27141264	SIG
Windows installer (64-bit)	Windows	Recommended	77a54a14239b6d7d0dcbe2e3a507d2f0	28217976	SIG

图 2-8　Python 版本选择及下载

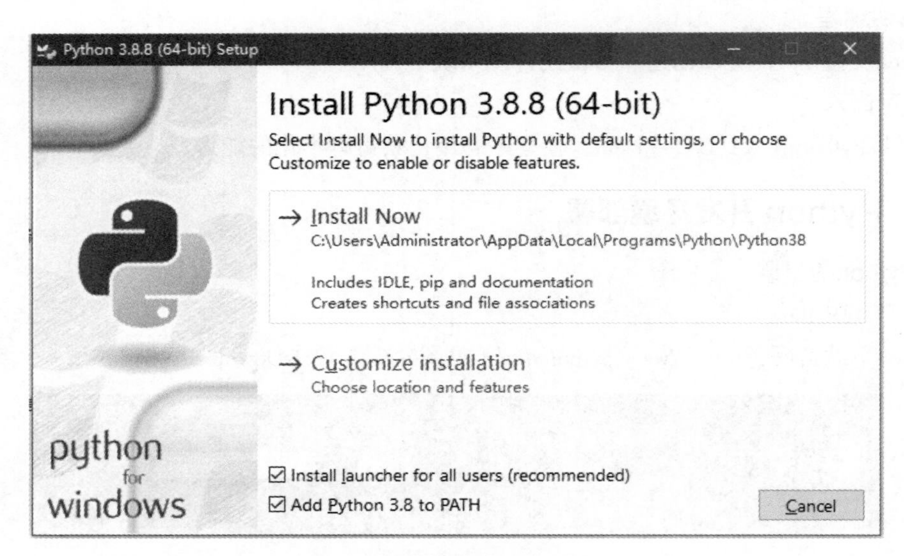

图 2-9　安装程序运行界面

安装完毕，显示安装成功（见图2-10），单击Close 按钮关闭。

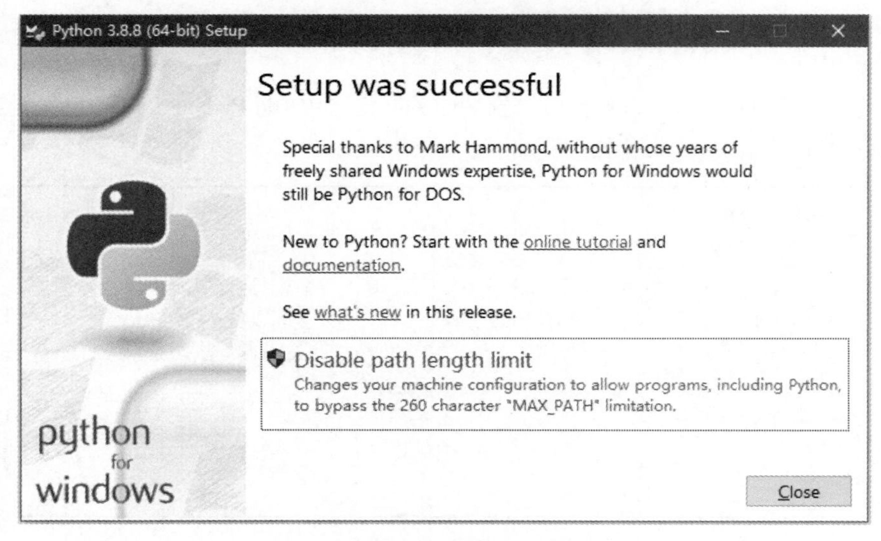

图 2-10　安装完成界面

（3）测试Python是否安装成功

安装完成后，在Windows系统下，单击左下角的“开始”按钮，选择IDLE（Python 3.8 64-bit）命令（见图2-11）运行，打开图2-12所示的交互开发环境界面。显示当前安装的Python版本号，安装成功。

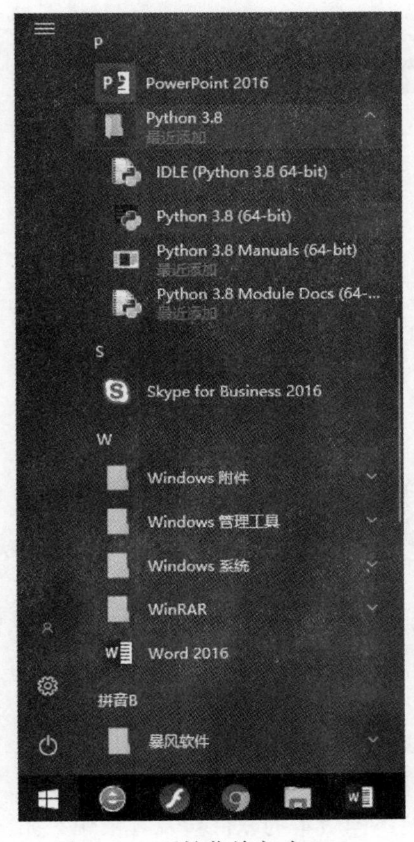

图 2-11　开始菜单启动 IDLE

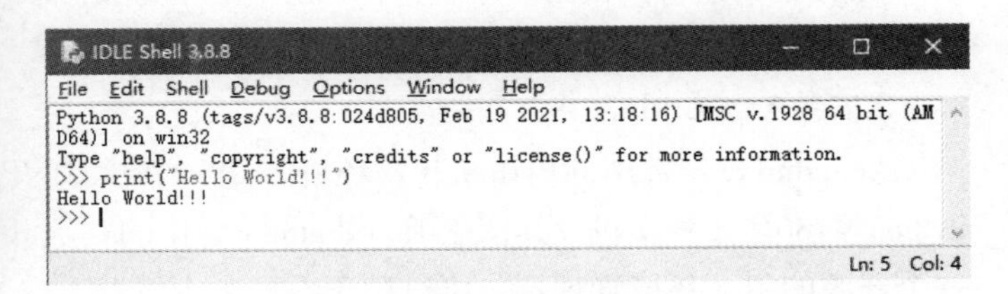

图 2-12　IDLE 交互式开发界面

（4）IDLE

IDLE是Python官方安装包自带的开发环境。IDLE是开发Python程序的集成开发环境，是学习Python程序设计的最佳选择。当安装好Python后，IDLE也就随之自动安装，不需要另外的操作。IDLE的基本功能是：语法加亮；段落缩进；基本文本编辑；Tab键控制；调试程序。

① 交互开发环境。在交互开发环境中每次只能执行一条语句，当提示符“>>>”再次出现时才可输入下一句。普通语句可以按一次【Enter】键运行并输出结果，而选择结构、循环结构、函数定义、类定义with块等语句块，需要按两次【Enter】键后才可以运行。

② 直接运行.py文件环境。直接运行.py文件相当于启动了Python解释器，然后一次性执行.py文件的源代码，没有机会以交互的方式输入源代码。Python的交互模式和直接运行.py文件的区别是：直接输入Python进入交互模式，相当于启动了Python解释器，等待一行一行地输入源代码，每输入一行就执行一行。用Python开发程序，完全可以一边在文本编辑器中写代码，一边开一个交互式命令窗口，在写代码的过程中，把部分代码粘贴到命令行去验证。

③ 新建Python程序并运行。

具体过程如下：

- IDLE新建Python程序。

打开IDLE后，选择File→New File命令，即可创建Python文件。或者直接按【Ctrl + N】组合键快速创建，如图2-13所示。

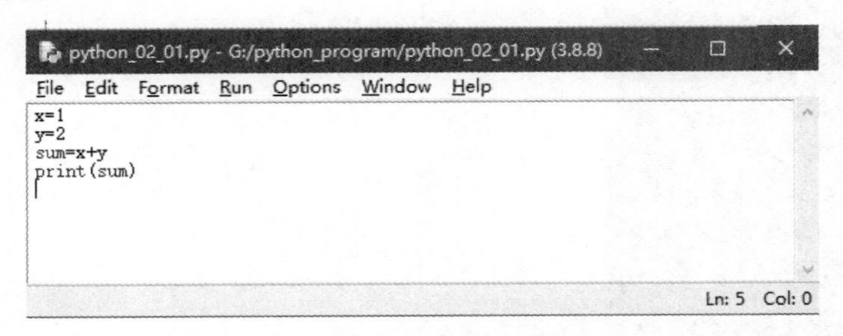

图 2-13 IDLE 程序设计窗口

- 在创建的文件中写 Python 代码。
- 保存文件。

按【Ctrl + S】组合键可快速保存。也可选择File→Save命令，在弹出的对话框中输入文件名（扩展名为.py或.pyw），完成保存。

- 运行保存好的 Python 文件（程序）。

在IDLE中运行Python程序。选择Run→RunModule命令运行程序。也可按【F5】键快速运行。

2.安装Anaconda3

Anaconda3是常用的Python开发环境，是一个开源的Python发行版本，其包含了Conda、Python等180多个科学包及其依赖项，如numpy、pandas等。因为包含了大量的科学包，Conda是一个开源的包、环境管理器，可以用于在同一个机器上安装不同版本的软件包及其依赖，如提供Jupyter Notebook 和Spyder等开发环境，并能够在不同的环境之间切换。

（1）下载Anaconda3

Anaconda3下载官网：https://www.anaconda.com/。选择相应的安装包，这里选择Python 3.8下的64-bit Graphical Installer（477 MB），如图2-14所示。

图 2-14 Anaconda 下载官网

（2）安装Anaconda3

打开安装包开始安装程序，安装进程如图2-15至图2-22所示。

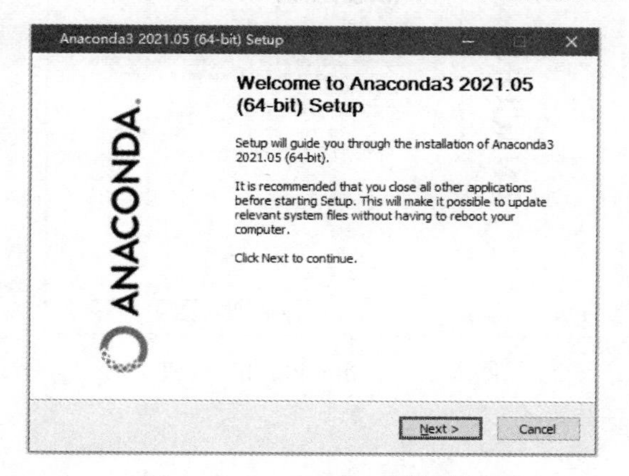

图 2-15　Anaconda3 安装界面

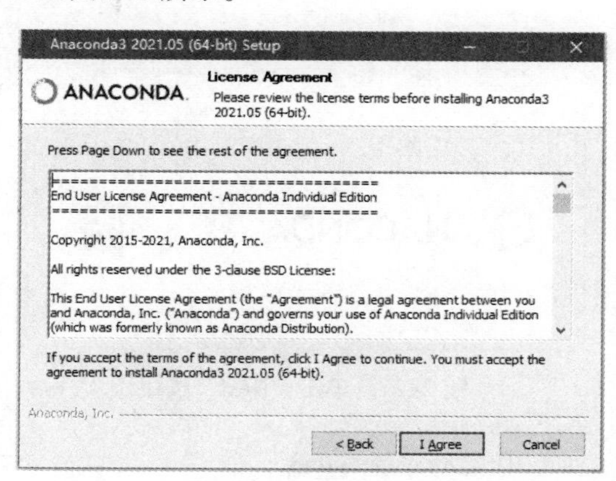

图 2-16　单击“I Agree”按钮

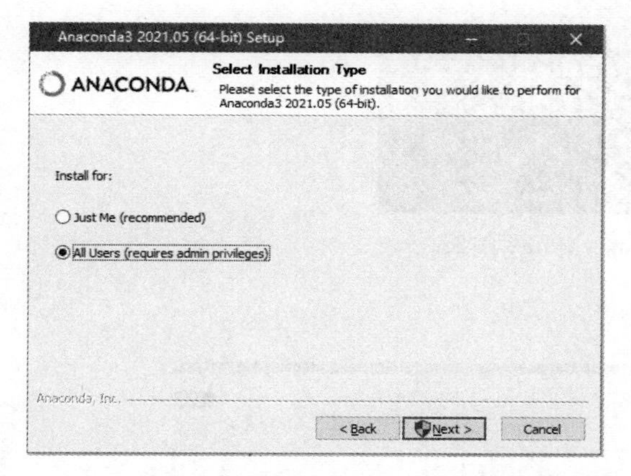

图 2-17　选择“All Users”单选按钮

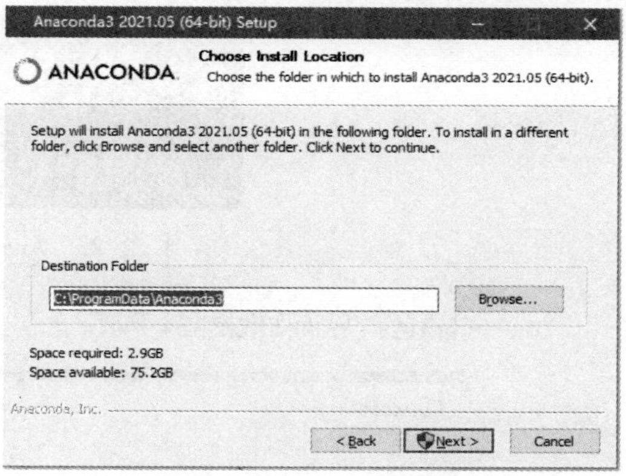

图 2-18　单击“Next”按钮

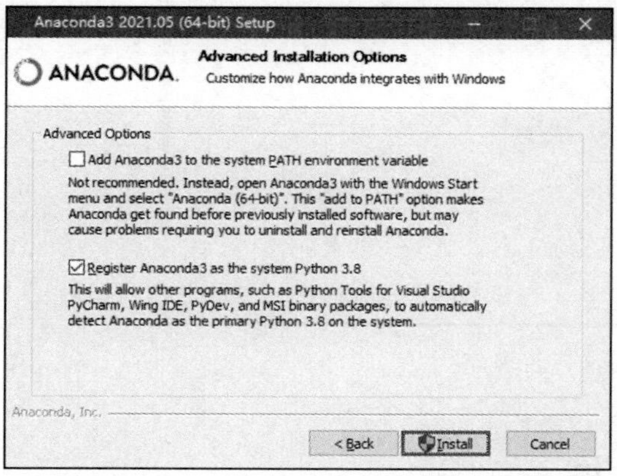

图 2-19　选择“Register……”复选框

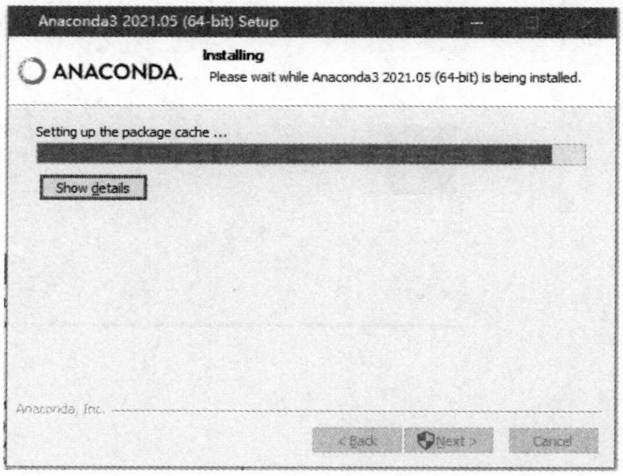

图 2-20　安装进程界面

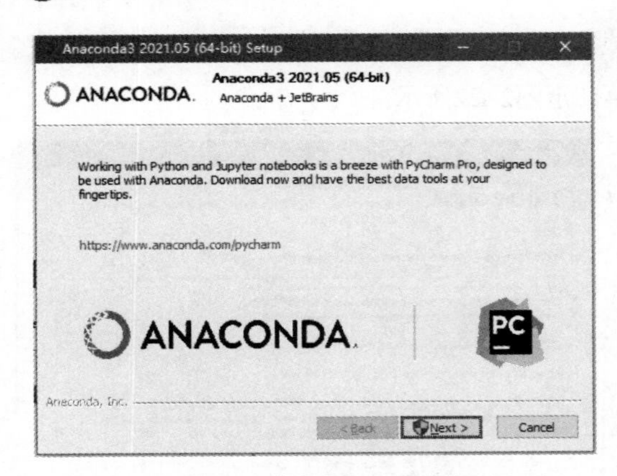

图 2-21　单击“Next”按钮

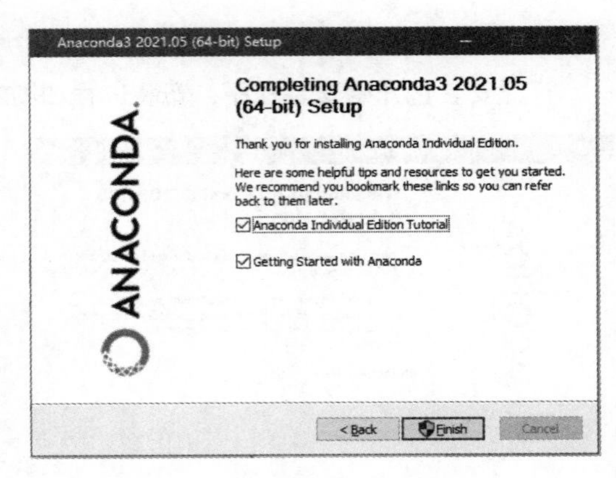

图 2-22　单击“Finish”按钮

（3）运行Anaconda3

测试安装情况，在cmd提示符后输入conda --version，按【Enter】键查看是否安装了conda环境，结果如图2-23所示，显示安装成功。

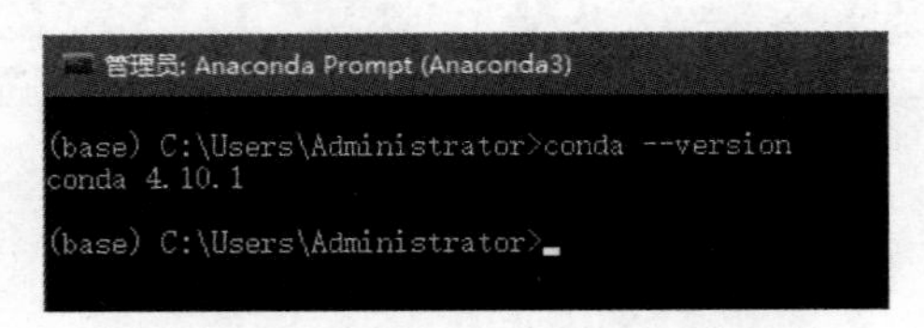

图 2-23　Anaconda3 环境与版本

Anaconda3运行界面如图2-24所示。

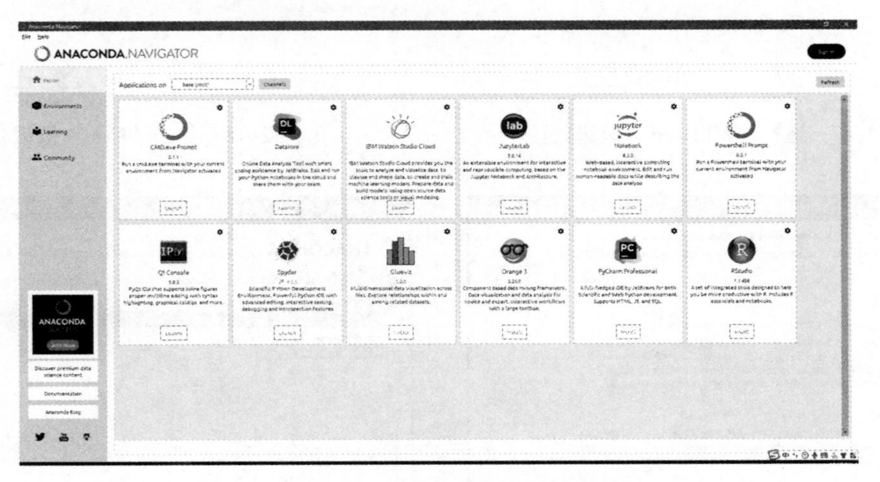

图 2-24　Anaconda3 运行界面

习　　题

1. 举例说明 Python 是一个动态语言。
2. 简述解释方式和编译方式的区别。

第3章 Python语法基础

任何一门程序设计语言都有自己的语法规范，本章通过一个简单的例子介绍Python程序的基本组成，并进一步介绍Python程序的编写规范以及Python的变量、表达式、数据类型、基本运算、函数等内容。

3.1 一个简单的Python程序

Python语句可以在IDE环境中一条一条地执行，即交互执行，完成较为简单的任务或验证某些功能。在完成较为复杂的任务时，一般要编写Python程序。Python程序是由Python基本语句和程序控制语句组成的完成特定任务的文本文件，其扩展名为.py。

【例3-1】使用for循环语句计算1+2+3+…+10。

```
1   #例3-1
2   '''
3   该程序实现累加和
4   使用range函数，返回指定范围的整数序列
5   使用for循环语句，对每一个range(1:11)中的元素x(1, 2, ..., 10)遍历
6   循环执行s关于x的累加
7   '''
8   s=0                                    #变量s初始值赋0
9   for x in range(11):                    #循环控制语句
10      s=s+x                              #循环执行的第1条语句，s进行累加
11      print('执行的次数',x)              #循环执行的第2条语句，输出当前x的值
12  print('累加和为',s)                    #循环外语句，循环结束后执行，输出累加和s
```

程序执行结果如下：

```
====== RESTART: C:/Users/KSZX/Desktop/python教材编写/例子/例3-1.py =======
执行的次数 1
```

```
执行的次数 2
执行的次数 3
执行的次数 4
执行的次数 5
执行的次数 6
执行的次数 7
执行的次数 8
执行的次数 9
执行的次数 10
累加和为 55
>>>
```

以上程序实现1+2+3+…+10的累加和。程序执行的步骤如下：

① 首先执行s=0语句，为累加做好准备。

② 执行for x in range(1:11)语句，表示循环开始。每循环一次x取range(1:11)函数中的下一个元素（x依次取值1，2，3，…，10），当x取值完毕后，结束循环，执行第5步骤。

③ 执行循环体（缩进部分）中s=s+x语句，在当前s值的基础上累加x。

④ 执行循环体（缩进部分）中print ('执行的次数', x) 语句，输出当前x的值。

⑤ 执行print ('累加和为', s) 语句，输出最终的累加和s。

其中，s、x为变量，它的值在程序的执行过程中发生变化；s=0、s=s+x为赋值语句，给变量赋值；s+x为运算表达式；for x in range(1:11) 为循环控制语句，控制循环体中的语句重复执行；range()为函数，能够返回整数序列，并可以通过for循环控制语句进行遍历；print ('执行的次数', x)、print ('累加和为', s) 为输出语句，输出变量的值。

可以看出，Python程序由变量、函数、表达式和语句等要素组成。

3.2 Python 语言的编程规范

Python程序与其他高级语言程序一样，也有自己的编程规则，如程序中的注释、代码块的缩进、语句的续行等。

1. 注释

注释是对程序实现的功能及实现方法等的说明，以增加程序的可读性。注释不是Python语句，执行时将被忽略。

以符号“#”开始，表示本行“#”之后的内容为注释。如例3-1中，第1行为注释行。第8、9、10、11等行前面为Python语句，而“#”之后的内容为本行的注释。

包含在一对三引号'''...'''或"""..."""之间且不属于任何语句的内容为注释行。如例3-1中，第3、4、5、6行在三个单引号'''...'''之间为多行文字注释。三引号标识的多行文字作为语句的内容时，不作为注释解释，例如：

```
>>> print('''This is a sample,
Hello world''')
This is a sample,
```

```
Hello world
>>>
```

其中后2行代码，作为输出的内容。

2. 缩进

Python程序是依靠代码块的缩进来体现代码之间的逻辑关系的，缩进结束就表示一个代码块结束了，同一个级别的代码块的缩进量必须相同。一般而言，以4个空格为基本缩进单位。在程序控制语句、函数定义等行尾的冒号表示缩进的开始（输入代码时会自动缩进4个空格）。如例3-1中，第9行表示循环控制语句，末尾必须加上“:”，第10、11行是循环体，被多次循环执行，而第12行没有缩进，表明它不属于循环体，循环结束后被执行一次。

3. 续行

一般一行输入一条语句，如果语句太长而超过一定宽度，最好使用续行符“\”，或者使用圆括号将多行代码括起来表示是一条语句。例如，以下3条语句实现相同的功能。

```
>>> x=1+2+3+4+5+6
>>> x=1+2+3\
    +4+5+6
>>> x=(1+2+3
    +4+5+6)
```

4. 多语句行

如果语句较短，可以在一行内输入多条语句，语句之间要加上分号“；”进行分隔。例如：

```
>>> x = "Hello"
>>> y = "World"
>>> print(x,y)
```

可以改写成：

```
>>> x = "Hello"; y = "World"; print(x, y)
```

它们输出的结果均为：

```
Hello World
```

5. 大小写敏感

Python中使用的变量、函数、关键字等是大小写敏感的。例如：

```
>>> x = "Hello"
>>> print(x)
Hello
>>> print(X)
Traceback (most recent call last):
    File "<pyshell#57>", line 1, in <module>
    print(X)
NameError: name 'X' is not defined
```

```
>>> range(1,11)
range(1, 11)
>>> Range(1,11)
Traceback (most recent call last):
  File "<pyshell#59>", line 1, in <module>
    Range(1,11)
NameError: name 'Range' is not defined
```

上例中，x变量为小写，当输出大写X时，提示X没有定义。函数range()不能写成Range()。

在编写Python程序代码时，在一段完整的功能代码之后最好增加一个空行，在运算符两侧各增加一个空格，逗号后面增加一个空格，以增加程序的可读性。

3.3 变量、表达式和赋值语句

在Python中要处理的一切都是对象，如整数、实数、字符串、列表、元组、字典和函数等。Python对象又分为内置对象、标准库对象和扩展库对象，其中内置对象是Python启动后，可以直接使用的对象，而标准库对象和扩展库对象需要安装导入后才能使用。这些对象常用变量来表示，并通过运算符连接构成表达式进行运算。

1. 变量

在Python中，变量是用来标识对象或引用对象的，它不需要事先声明变量名及其数据类型，利用赋值语句直接给变量赋值即可创建各种数据类型的变量。例如：

```
>>> s = 0
>>> s = s + 1
>>> x = 'Hello world.'
```

第1行创建了整型变量s，并赋值为0。第2行将s的值加上1后，再赋值给s。第3行创建了字符串变量x，并赋值为'Hello world.'。

这里，“=”不再是等于的意思，而是给变量赋值的意思。赋值语句的执行过程：首先把等号右侧表达式（单个常量或变量可以认为是没有运算符的表达式）的值计算出来，然后在内存中寻找一个位置把值存放进去，最后创建变量并指向该内存地址。可以通过id()函数获取变量的身份标识（变量分配的内存地址标识），type()函数获取其数据类型。例如：

```
>>> x = 3
>>> id(x)
8791658758480
>>> print(type(x))                          #查看变量类型
<class 'int'>
>>> x = 'Hello world.'
>>> id(x)
52020272
>>> print(type(x))                          #查看变量类型
<class 'str'>
```

上例中，x变量首先赋值3，为整数类型，而后赋值'Hello world.'，其数据类型为字符串。变量的id()值是动态分配的内存地址标识。

变量创建后，若不再使用，可以通过del语句删除变量，释放所占用的内存空间。例如：

```
>>> x = 'Hello world.'
>>> x
'Hello world.'
>>> del x
>>> x                                    #变量删除后，就不能引用了
Traceback (most recent call last):
  File "<pyshell#32>", line 1, in <module>
    x
NameError: name 'x' is not defined
```

2. 变量的命名

每一个变量都有一个标识名，称为变量名。变量命名遵循以下规则：

（1）变量名必须是以字母或下画线开头的字母数字串。以下画线开头的变量名在Python中有特殊含义。

（2）变量名中不能有空格以及标点符号（如括号、引号、逗号、斜线、反斜线、冒号、句号、问号等）。

（3）不能使用Python关键字作变量名，如True、for、if不能作为变量名。可以导入keyword模块后使用print(keyword.kwlist)语句查看所有Python关键字。

```
>>> import keyword
>>> keyword.kwlist                         #Python关键字
['False', 'None', 'True', 'and', 'as', 'assert', 'async', 'await',
'break', 'class', 'continue', 'def', 'del', 'elif', 'else', 'except',
'finally', 'for', 'from', 'global', 'if', 'import', 'in', 'is', 'lambda',
'nonlocal', 'not', 'or', 'pass', 'raise', 'return', 'try', 'while', 'with',
'yield']
```

（4）变量名对英文字母的大小写敏感，如student和Student是不同的变量。

不建议使用系统内置的模块名、类型名或函数名以及已导入的模块名及其成员名作变量名，这将会改变其类型和含义，导致程序错误。

3. 表达式

表达式是关于常量、变量和函数等通过运算符连接的运算式。例如：

```
>>> 2 + 3 * abs(-4)                      #abs()为取绝对值函数，其中*表示乘法
14
>>> 'Python' < 'Java'
False
```

上述代码中，分别是算术运算表达式和字符串比较表达式。Python还有位运算表达式、逻辑运算表达式等。表达式可以出现在赋值语句中，也可作为函数的参数使用等。例如：

```
>>> x = 2 + 3 * abs(-4)
>>> print(2 + 3 * abs(-4))
14
```

Python还支持面向对象技术，对象可以通过方法来操作。例如：

```
>>> 'abc'.upper()
'ABC'
```

上述代码中，字符串对象'abc'执行方法upper()，实现小写转换成大写。对象执行方法的一般式为：<对象>.<方法>。有时还需要读取对象的属性值，其一般式为：<对象>.<属性>。关于对象的属性、方法的详细说明将在后续章节介绍。

4. 赋值语句

除使用“=”给变量赋值外，Python还支持增量赋值。所谓增量赋值就是将一些基本运算符和“=”连在一起使用。Python支持的增量赋值运算符包括：-=、+=、/=、*=、%=、//=、**=、<<=、>>=、&=、^=、|=。例如：

```
>>> x = 2
>>> x += 2                              #相当于x = x + 2
>>> x
4
>>> x *=2                               #相当于x = x * 2
```

Python支持链式赋值，例如：

```
>>> x=2
>>> y = x = x + 2                       #相当于x= x + 2, y = x两条语句
>>> y
4
```

Python还支持多重赋值。例如：

```
>>> x, y, z = 2, 3, 4                   #同时，给多个变量赋值
>>> x
2
>>> y
3
>>> z
4
>>> x, y = y, x                         #x,y 的值交换
>>> x
3
>>> y
2
```

3.4　数据类型

在Python中，处理的常量或变量都属于某个数据类型，基于数据类型分配存储空间及执行相应的运算。像其他程序设计语言一样，Python有数字类型、字符串、布尔型等常规数据类型，Python还有特色的列表、元组、字典和集合数据类型。

3.4.1　数字类型

在Python中，内置的数字类型有整数（int）、浮点数（float）和复数（complex）。

1. 整数

整数类型常用十进制整数表示，可以是正整数，也可以是负整数，例如：

```
>>> x = 3
>>> >>> type(x)
<class 'int'>
```

将整数3赋值给变量x，则x的数据类型为int。整数也可以用二进制、八进制和十六进制表示。例如：

```
>>> y = 0b101            #以0b开头表示二进制整数，每一位只能是0或1
>>> type(y)
<class 'int'>
>>> y                    #y的值为十进制5
5
>>> z = 0o52             #以0o开头表示八进制整数，每一位只能是0，1，…，8
>>> z
42
>>> r = 0xf5             #以0x开头表示十六进制整数，每一位只能是0，1，…，8，9，a，…，f
>>> r
245
```

Python支持任意大的数字，具体可以大到什么程度，理论上仅受内存大小的限制。例如：

```
>>> 9999999999 ** 20   #这里**是幂次方运算符
99999999800000000189999999988600000004844999999844960000038759999992248000001259699999832040000018475599998320400000125969999999224800000038759999998449600000048449999998860000000018999999999800000000001
```

2. 浮点数

浮点数用于表示实数。例如：

```
>>> 3.12
3.12
>>> x = -3.12
>>> type(x)
<class 'float'>
>>> y = -3.14e-2         #相当于科学记数法-3.14×10^-2
```

```
>>> type(y)
<class 'float'>
```

由于精度的问题，对于浮点数运算可能会有一定的误差，应尽量避免在浮点数之间直接进行相等性测试，而应该以二者之差的绝对值是否足够小作为两个实数是否相等或相近的依据。

```
>>> 0.3 + 0.5                          #实数相加
0.8
>>> 0.5 - 0.4                          #实数相减，结果稍微有点偏差
0.09999999999999998
>>> 0.5 - 0.4 == 0.1                   #应尽量避免直接比较两个实数是否相等
False
>>> abs(0.5 - 0.4 - 0.1) < 1e-6        #这里1e-6表示10的-6次方
True
```

3. 复数

Python支持复数类型及其运算，并且形式与数学上的复数完全一致。例如：

```
>>> x = 3 + 4j                         #使用j或J表示复数虚部
>>> y = 4 + 6j
>>> x + y                              #支持复数之间的加、减、乘、除以及幂乘等运算
(7+10j)
>>> x * y
(-12+34j)
```

复数作为一个对象，可以通过real属性返回实部值，imag属性返回虚部值，执行conjugate()方法得到其共轭复数。函数abs()可用来计算复数的模。例如：

```
>>> x = 3 + 4j                         #使用j或J表示复数虚部
>>> x.real                             #实部
3.0
>>> x.imag                             #虚部
4.0
>>> x.conjugate()                      #共轭复数
(3-4j)
>>> abs(x)                             #计算复数的模
5.0
```

3.4.2 字符串类型

在Python中，没有字符类型，只有字符串类型的常量和变量，单个字符也是字符串。使用单引号' '、双引号" "、三个单引号''' '''、三个双引号""" """作为定界符（delimiter）来表示字符串，并且不同的定界符之间可以互相嵌套。例如：

```
>>> x = 'ABC'                          #使用单引号作为定界符
>>> x = "Hello World."                 #使用双引号作为定界符
```

```
>>> x = '''He said, "Let's go."'''   #不同定界符之间可以互相嵌套
>>> print(x)
He said, "Let's go."
```

字符串可以进行连接运算，例如：

```
>>> x = 'Very ' + 'good'            #连接两字符串
>>> x
'Very good'
>>> x = 'Very ''good'               #连接两字符串，仅适用于字符串常量
>>> x
'Very good'
>>> x = 'Very '
>>> x = x'good'                     #不适用于字符串变量
SyntaxError: invalid syntax
>>> x = x + 'good'                  #字符串变量之间的连接可以使用加号
>>> x
'Very good'
```

Python 3.x全面支持中文，中文和英文字母都作为一个字符对待，甚至可以使用中文作为变量名。

除了支持使用加号+运算符连接字符串以外，Python字符串还提供了大量的方法支持格式化、查找、替换、排版等操作，这部分内容将在后续章节介绍。

3.4.3 布尔类型

Python 支持布尔类型数据，布尔类型数据只有True和False两个值。实际上，它们分别用1和0表示。布尔类型数据可以进行逻辑与运算、或运算以及非运算。例如：

```
>>> True and True                   #与运算
True
>>> True and False
False
>>> False and True
False
>>> False and False
False
>>> True or True                    #或运算
True
>>> True or False
True
>>> False or True
True
>>> False or False
False
>>> not True                        #非运算
```

```
False
>>> not False
True
>>> 3 + True                                    #逻辑值可以和数字相加减，True为1，false为0
4
>>> 3 - True
2
```

3.4.4 列表、元组、字典、集合

列表、元组、字典、集合是Python的容器对象，可以包含多个元素。它们是Python最具特色的数据类型，适合不同的应用场合。它们分别使用“[]”“()”“{}”“{}”作为定界符。这里简单介绍一下它们的创建和简单的应用，详细的介绍在后续章节展开。

例如：

```
>>> aList  = [1,2,3]                            #创建列表
>>> aTuple = (1,2,3)                            #创建元组
>>> aDict = {'id':'01200101', 'name': '张三', 'sex':'女'}
                                                #创建字典，其中元素是"键:值"
>>> aSet = {1,2,3}                              #创建集合
>>> print(aList[1])                             #使用下标访问列表中第2个元素
2
>>> print(aTuple[2])                            #使用下标访问元组中第3个元素
3
>>> print(aDict['name'])                        #使用下标键访问字典键'name'的值
张三
>>> 2 in aSet                                   #判断集合的元素
True
```

3.5 基本运算

Python支持算术运算、位运算、比较运算、逻辑运算等。由操作对象及运算符连接而成的运算式构成表达式，单个常量或变量可以看作最简单的表达式。操作对象的数据类型决定能够进行相应的运算，所以在进行某一运算时，要注意操作对象的数据类型匹配问题，否则可能出错。

3.5.1 算术运算

算术运算操作的对象是数字类型，在数字的算术运算表达式求值时会进行隐式的类型转换，如果存在复数则都变成复数，如果没有复数但是有浮点数就都变成浮点数，如果都是整数则不进行类型转换。Python中算术运算符见表3-1。

表3-1 算术运算符

运算符	功能说明	示　例
+	算术加法，正号	1+2得3；3.2+4得7.2；+3表示正3
-	算术减法，负号	2-1得1；3.2-4得-0.8；-2表示负2
*	算术乘法	2*3得6；3.5*2得7.0
/	除法	5/2得2.5；5.0/2.0得2.5
//	求整商，但如果操作数中有浮点数的话，结果为浮点数形式的整数	5//3得1；5.5//2得2.0
%	求余数	5%3得2；-5%2得1
**	幂运算	3 ** 2得9

算术运算与数学中的运算规则基本相同。运算符“//”表示求整商，“%”表示求余数。例如：

```
>>> 15 // 4                                #如果两个操作数都是整数，结果为整数
3
>>> 15.0 // 4                              #如果操作数中有浮点数，结果为浮点数形式的整数值
3.0
>>> -15 // 4                               #向下取整
-4
>>> 5 % 3                                  #取余数，符号由除数决定，观察其绝对值变化
2
>>> -5 % 3
1
>>> -5 % -3
-2
>>> 5 % -3
-1
>>> 16.2 % 3.2                             #可以对实数进行余数运算，注意精度问题
0.1999999999999984
>>> 3 ** 2                                 #3的2次方
9
>>> 9 ** 0.5                               #9的0.5次方，即计算平方根
3.0
>>> (-9) ** 0.5                            #计算负9的平方根，应为0+3j，实际值有误差
(1.8369701987210297e-16+3j)
>>> -9 ** 0.5                              #计算9的平方根的负值
-3.0
```

算术运算符与“=”连用，构成增量赋值运算符，包括-=、+=、/=、*=、%=、//=、**=。

3.5.2 位运算

位运算适合于整数，解决二进制位的运算问题。Python中的位运算符见表3-2。

表 3-2 位运算符

运算符	功能说明	示 例
|	位或	3 | 5 得 7
^	位异或	3 ^ 5 得 6
&	位与	3 & 5 得 1
<<	左移位	16 << 2 得 64
>>	右移位	16 >> 2 得 4
～	位求反	～ 3 得 -4

将十进制整数转换为8、16位等（根据值的大小）二进制数，然后进行位运算。例如：

```
>>> 3 | 5                  #3为00000011，5为00000101，按位或，得到00000111，即7
7
>>> 5 | 258                #5为00000000 00000101，256为00000001 0000 0010，按位或
263
>>> 3 ^ 5                  #3为00000011，5为00000101，按位异或，得到00000110，即6
6
>>> 3 & 5                  #3为00000011，5为00000101，按位与，得到00000001，即1
1
>>> 3 << 2                 #3为00000011，向左移2位，尾部补零，得到00001100，即12
12
>>> 3 >> 2                 #3为00000011，向右移2位，高位补零，得到00000000，即0
0
>>> ～ 1                   #1为00000001，取反，得到11111110，补码表示的值为-2
-2
>>> ～ -2
1
```

位运算符与“=”连用，构成增量赋值运算符，包括<<=、>>=、&=、^=、|=。

3.5.3 比较运算

比较运算用于比较两个对象的大小，结果为逻辑值True或False。Python中的比较运算符见表3-3。

表 3-3 比较运算符

运算符	功能说明	示 例
<	小于	1 < 2
<=	小于或等于	100 <= 120
>	大于	"xyz" > "zyx"
>=	大于或等于	x >= 10，x 为变量
==	等于	"abc" > "abc"
!=	不等于	x != y，x 和 y 为变量

比较运算可以进行数值大小、字符串大小的比较，也可以进行列表、元组的比较（在后续章节介绍）。例如：

```
>>> 2 == 2.0
True
>>> 5 > 4
True
>>> 3.14 <= 3.1415
True
>>> "abc" == "ab"
False
>>> "abc" >= "ab"
True
>>> "abc" >= "acb"                    #字符串比较时，自左向右，逐位比较，依ASCII码值大小决定
False
```

Python支持连续不等式，涵盖了数学中连续不等式的习惯。例如：

```
>>> 2 < 5 < 7                         #等价于 2 < 5 and 5 < 7
True
>>> 2 < 5 <= 1                        #等价于 2 < 5 and 5 <= 1
False
>>> 3 < 5 > 2                         #等价于 3 < 5 and 5 > 2，突破了数学中的习惯
True
```

3.5.4　逻辑运算

逻辑运算常用来连接比较表达式构成更加复杂的表达式，以实现较为复杂的逻辑。Python中的逻辑运算符见表3-4。

表 3-4　逻辑运算符

运算符	功能说明	示　例
not	非	not x
and	与	x and y
or	或	x or y

逻辑运算的结果一般是布尔值 ，逻辑运算的优先级依次为非运算、与运算和或运算。例如：

```
>>> x,y = 3,8
>>> x > y
False
>>> not x > y
True
>>> x > 2 and y > 6
True
```

```
>>> x > 5 or  y > 9
False
```

逻辑运算and和or具有惰性求值或逻辑短路的特点。当连接多个表达式时只计算必须要计算的值，而且运算符and和or并不一定会返回True或False，而是得到最后一个被计算的表达式的值。例如：

```
>>> 3 > 4 and z > 3              #变量z没定义，但因3>4的值为False，后面的式子不再计算
>>> 3 > 4 or z > 3               #3>4的值为False，所以需要计算后面的表达式，出错
NameError: name 'z' is not defined
>>> 3 < 4 or z > 3               #3<4的值为True，不需要计算后面的表达式
True
>>> 3 and 5             #最后一个表达式的计算值作为整个表达式的值，3作为逻辑True看待
5
>>> 3 and 5>2
True
>>> 3<4 and print("aaa")         #3<4的值为True，执行后面的表达式
aaa
>>> 3<4  or  print("aaa")        #3<4的值为True，不需要执行后面的表达式
True
```

3.5.5 成员运算

成员运算用于判断一个对象是否包含另一个对象，成员运算符见表3-5。

表 3-5 成员运算符

运算符	功能说明	示　例
in	判断对象是否包含于另一对象，返回逻辑值	x in y
not in	判断对象是否不包含于另一对象，返回逻辑值	x not in y

例如：

```
>>> 2 in [1,2,3,4,5]                  #列表成员判断
True
>>> '2' in '12345'                    #字符串成员判断
True
>>> 2 in (1,2,3,4,5)                  #元组成员判断
True
>>> 'abc' in 'abcdef'                 #字母字符串成员判断
True
>>> 6 in [1,2,3,4,5]
False
>>> 6 not in [1,2,3,4,5]              #列表成员判断
True
```

3.5.6 成员运算符

成员运算用于判断两个量是否引用同一个对象（相同内存空间），成员运算符见表3-6。

表3-6 成员运算符

运算符	功能说明	示 例
is	判断两个量是否引用同一对象，返回逻辑值	x is y
is not	判断两个量是否不是引用同一对象，返回逻辑值	x is not y

例如：

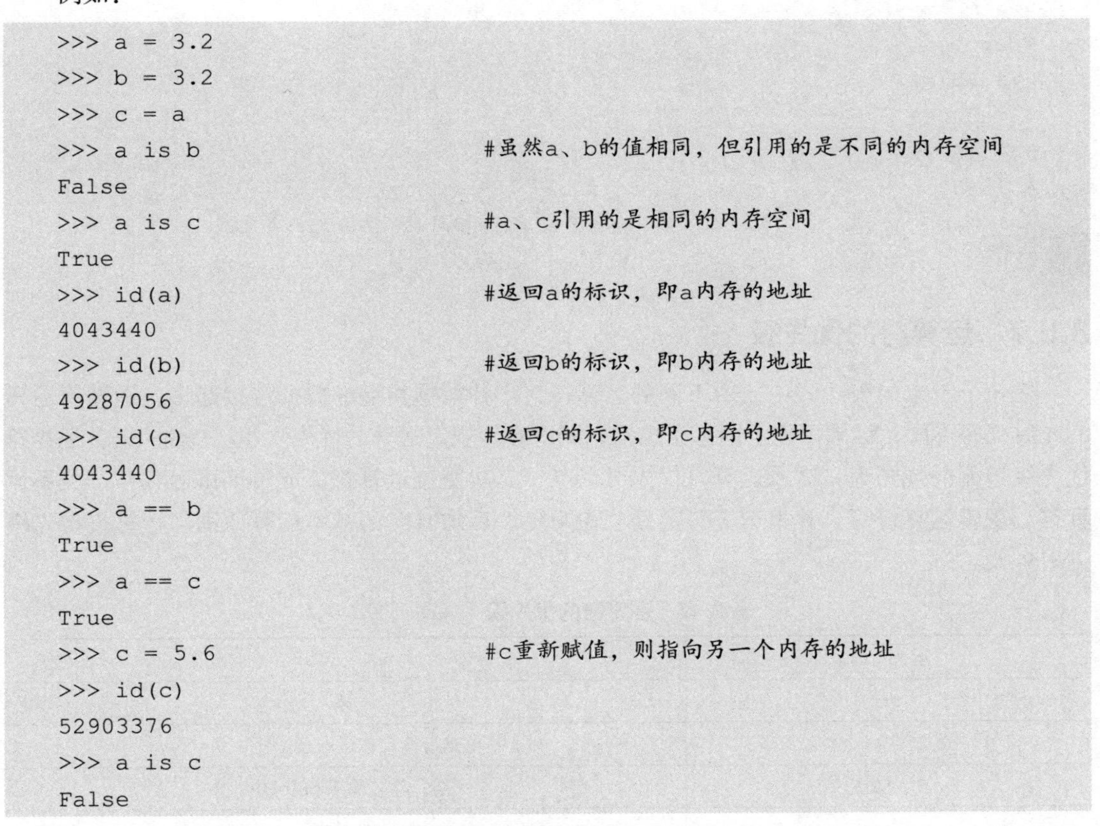

```
>>> a = 3.2
>>> b = 3.2
>>> c = a
>>> a is b                    #虽然a、b的值相同，但引用的是不同的内存空间
False
>>> a is c                    #a、c引用的是相同的内存空间
True
>>> id(a)                     #返回a的标识，即a内存的地址
4043440
>>> id(b)                     #返回b的标识，即b内存的地址
49287056
>>> id(c)                     #返回c的标识，即c内存的地址
4043440
>>> a == b
True
>>> a == c
True
>>> c = 5.6                   #c重新赋值，则指向另一个内存的地址
>>> id(c)
52903376
>>> a is c
False
```

is和==的区别是：is用于判断两个变量引用的对象是否是同一个内存空间，==用于判断两个变量的值是否相等。但是，对于小整数、字符串则有不同的表现。小整数和字符串是不可变对象，Python为了提高存储效率，对于相同的小整数和字符串不再重复地分配存储空间。例如：

```
>>> x=2
>>> y=2                       #y赋值为2，与x相同，不再分配内存空间，而指向x的内存空间
>>> z=x
>>> x is y
True
>>> x is z
```

```
True
>>> id(x)
8791203021104
>>> id(y)
8791203021104
>>> id(z)
8791203021104
>>> x='abc'
>>> y='abc'                        #y赋值与x相同，不再分配内存空间，指向x的内存空间
>>> x is y
True
>>> id(x)
4673200
>>> id(y)
4673200
>>> 'abc' is x                     #常量abc与x相同，不再分配内存空间
True
```

3.5.7 运算符的优先级

在一个复杂的表达式中，由不同的运算符将多种数据类型的数据连接起来，运算符运算的先后次序不同，结果可能不同甚至出错，所以必须规定运算的优先次序。Python语言运算符优先级遵循的规则为：算术运算符优先级最高，其次是位运算符、成员测试运算符、关系运算符、逻辑运算符等，算术运算符遵循“先乘除，后加减”的基本运算原则。运算符优先级见表3-7。

表 3-7 运算符的优先级（从高到底）

运 算 符	说　明
**	幂
~ + -	单目运算，按位取反、正、负
* / % //	乘、除、取模和取整除
+ -	加、减
>> <<	右移位、左移位
&	按位与
^	按位异或
		按位或
< < = != > >= ==	小于、小于或等于、不等于、大于、大于或等于、等于
= %= /= -= += *= **=	赋值运算符
is　is not	成员运算符
in　not in	成员运算符
not　and　or	逻辑运算符

运算符优先级的示例如下：

```
>>> 2 + 1 * 4
6
>>> 2 * 2 ** 3
16
>>> 1 + 2 *- 3
-5
>>> 3 << 2 + 1                              #先加，后移位
24
>>> (3 < <2) + 1                            #先移位，后加
13
>>> 3 < 2 and 2 < 1 or 5 > 4
True
>>> ( 3 < 2 ) and ( 2 < 1 ) or ( 5 > 4 )    #加括号，增加可读性
True
```

虽然Python运算符有一套严格的优先级规则，但是建议在编写复杂表达式时使用圆括号来明确说明其中的逻辑以提高代码可读性。

3.6 函数与模块

程序设计中的函数类似于数学中的函数，但又比数学函数宽泛。如sin()、cos()与数学函数意义相同，而type()、int()等函数就是程序设计中特有的。通常将一些功能相对独立的或经常使用的操作或运算抽象出来，定义为函数。这些函数可以被重复使用，提高了效率、增强了程序的可读性。使用函数时只需要考虑其功能及调用方法（主要是函数参数的意义）即可。

Python中的函数包括内置的函数、标准库函数、第三方库函数和用户自定义函数。本节介绍内置函数及标准库函数的使用。

3.6.1 内置函数

内置函数（built-in functions，BIF）是Python内置对象类型之一，不需要额外导入任何模块即可直接使用。这些内置对象都封装在内置模块__builtins__之中，用C语言实现并且进行了大量优化，具有非常快的运行速度，推荐优先使用。使用内置函数dir()可以查看所有内置函数和内置对象，例如：

```
>>> dir(__builtins__)
['ArithmeticError', 'AssertionError', 'AttributeError', 'BaseException',
'BlockingIOError', 'BrokenPipeError', 'BufferError', 'BytesWarning',
'ChildProcessError', 'ConnectionAbortedError', 'ConnectionError',
'ConnectionRefusedError', 'ConnectionResetError', 'DeprecationWarning',
'EOFError', 'Ellipsis', 'EnvironmentError', 'Exception', 'False',
'FileExistsError', 'FileNotFoundError', 'FloatingPointError',
'FutureWarning', 'GeneratorExit', 'IOError', 'ImportError', 'ImportWarning',
```

```
'IndentationError', 'IndexError', 'InterruptedError', 'IsADirectoryError',
'KeyError', 'KeyboardInterrupt', 'LookupError', 'MemoryError',
'ModuleNotFoundError', 'NameError', 'None', 'NotADirectoryError',
'NotImplemented', 'NotImplementedError', 'OSError', 'OverflowError',
'PendingDeprecationWarning', 'PermissionError', 'ProcessLookupError',
'RecursionError', 'ReferenceError', 'ResourceWarning', 'RuntimeError',
'RuntimeWarning', 'StopAsyncIteration', 'StopIteration', 'SyntaxError',
'SyntaxWarning', 'SystemError', 'SystemExit', 'TabError', 'TimeoutError',
'True', 'TypeError', 'UnboundLocalError', 'UnicodeDecodeError',
'UnicodeEncodeError', 'UnicodeError', 'UnicodeTranslateError',
'UnicodeWarning', 'UserWarning', 'ValueError', 'Warning', 'WindowsError',
'ZeroDivisionError', '_', '__build_class__', '__debug__', '__doc__', '__
import__', '__loader__', '__name__', '__package__', '__spec__', 'abs',
'all', 'any', 'ascii', 'bin', 'bool', 'breakpoint', 'bytearray', 'bytes',
'callable', 'chr', 'classmethod', 'compile', 'complex', 'copyright',
'credits', 'delattr', 'dict', 'dir', 'divmod', 'enumerate', 'eval', 'exec',
'exit', 'filter', 'float', 'format', 'frozenset', 'getattr', 'globals',
'hasattr', 'hash', 'help', 'hex', 'id', 'input', 'int', 'isinstance',
'issubclass', 'iter', 'len', 'license', 'list', 'locals', 'map', 'max',
'memoryview', 'min', 'next', 'object', 'oct', 'open', 'ord', 'pow', 'print',
'property', 'quit', 'range', 'repr', 'reversed', 'round', 'set', 'setattr',
'slice', 'sorted', 'staticmethod', 'str', 'sum', 'super', 'tuple', 'type',
'vars', 'zip']
```

使用help(函数名)可以查看某个函数的用法。例如：

```
>>> help(sum)
Help on built-in function sum in module builtins:

sum(iterable, start=0, /)
    Return the sum of a 'start' value (default: 0) plus an iterable of numbers

    When the iterable is empty, return the start value.
    This function is intended specifically for use with numeric values and
may reject non-numeric types.
```

Python内置函数很多，下面首先介绍部分基本函数的应用，其他函数放在涉及具体数据类型的地方再做介绍。

1. 数字类函数

内置函数abs()、round()、int()分别用来实现求绝对值、四舍五入和取整功能。例如：

```
>>> abs(-3.14)                    #求绝对值
3.14
>>> round(3.14)                   #四舍五入
3
```

```
>>> round(1234.5678,2)             #四舍五入，保留2位小数
1234.57
>>> round(1234.5678,0)
1235.0
>>> round(1234.5678,-1)            #四舍五入，保留十位的精度
1230.0
>>> round(5.5)                     #四舍五入，保留整数
6
>>> round(6.5)                     #特例，当小数部分为0.5时，若整数部分为偶数，舍弃小数
6
>>> int(3.5)                       #取整，舍弃小数
3
```

2. 数字类型转换函数

内置函数bin()、oct()、hex()用来将整数转换为二进制、八进制和十六进制形式，这三个函数都要求参数必须为整数，结果为字符串。例如：

```
>>> bin(129)                       #把数字转换为二进制串
'0b10000001'
>>> oct(129)                       #转换为八进制串
'0o201'
>>> hex(253)                       #转换为十六进制串
'0xfd'
```

内置函数float()用来将其他类型数据转换为实数，complex()可以用来生成复数。例如：

```
>>> float(2)                       #把整数转换为实数
2.0
>>> float('2.5')                   #把数字字符串转换为实数
2.5
>>> float('inf')                   #无穷大，其中inf表示无穷大，不区分大小写
inf
>>> complex(2)                     #指定实部
(2+0j)
>>> complex(2, 3)                  #指定实部和虚部
(2+3j)
```

3. 字符与编码转换函数

ord()和chr()是一对功能相反的函数，ord()用来返回单个字符的Unicode码，而chr()用来返回Unicode编码对应的字符。例如：

```
>>> ord('a')                       #查看指定字符的Unicode编码
97
>>> ord('中')                      #这个用法仅适用于Python 3.x
20013
>>> chr(65)                        #返回数字65对应的字符
```

```
'A'
>>> chr(ord('A')+1)            #Python不允许字符串和数字之间的加法操作
'B'
>>> chr(ord('国')+1)           #支持中文
'图'
```

4. 数字与字符串转换函数

str()函数可以将数值转换成字符串，eval()函数可以将字符串转换成数值，例如：

```
>>> str(1234.5)                #将数值转换成字符串
'1234.5'
>>> eval('1234.5')             #把数字字符串转换成数值
1234.5
```

实际上，str()函数也可将其他类型转换成字符串，eval()还可以用来计算字符串表达式的值，而且在有些场合也可以用来实现类型转换的功能。例如：

```
>>> str([1,2,3])
'[1, 2, 3]'
>>> str((1,2,3))
'(1, 2, 3)'
>>> str({1,2,3})
'{1, 2, 3}'
>>> eval('1+2')
3
>>> eval('9')                  #把数字字符串转换为数字
9
>>> eval(str([1, 2, 3, 4]))    #列表转换成字符串后，再由eval转换成列表
[1, 2, 3, 4]
```

5.判断数据类型

内置函数type()和isinstance()可以用来判断数据类型，常用来对函数参数进行检查，可以避免错误的参数类型导致函数崩溃或返回意料之外的结果。例如：

```
>>> type(3)                    #查看3的类型
<class 'int'>
>>> type([3])                  #查看[3]的类型
<class 'list'>
>>> type({3}) in (list, tuple, dict)
                               #判断{3}是否为list、tuple或dict类型的实例
False
>>> type({3}) in (list, tuple, dict, set)
                               #判断{3}是否为list、tuple、dict或set的实例
True
>>> isinstance(3, int)         #判断3是否为int类型的实例
True
```

```
>>> isinstance(3j, int)
False
>>> isinstance(3j, (int, float, complex))
                                    #判断3是否为int,float或complex类型
True
```

6. range()函数

range()是Python开发中常用的一个内置函数，语法格式为range([start,] end [, step])，有range(stop)、range(start, stop)和range(start, stop, step)三种用法。该函数返回具有惰性求值特点的range对象，其中包含左闭右开区间[start,end)内以step为步长的整数。参数start默认值为0，step默认值为1。例如：

```
>>> range(10)                           #start的默认值为0，step的默认值为1
range(0, 10)
>>> list(range(10))
[0, 1, 2, 3, 4, 5, 6, 7, 8, 9]
>>> list(range(1, 10, 2))               #指定起始值和步长
[1, 3, 5, 7, 9]
>>> list(range(9, 0, -2))               #步长为负数时，start应比end大
[9, 7, 5, 3, 1]
```

3.6.2　标准库函数

上面介绍的Python内置函数，是Python的基本或核心模块，Python启动时自动加载了这些模块，所以可以直接使用其中的内置函数。

Python还提供了许多标准库（模块），如数学模块math、随机数模块random、日期时间模块datetime、操作系统模块os等，它们都包括大量的相关函数和常量。使用时，首先需要导入加载标准模块，然后才能调用其中的函数。

同时，Python还有强大的第三方扩展库，如科学计算SciPy、数组矩阵计算NumPy、机器学习tensorflow等。使用时，需提前下载安装，然后就如标准模块一样使用。

Python标准库、扩展库中对象导入的方式：

```
import 模块名 [as 别名]
```

或

```
from 模块名 import 对象名[ as 别名]
```

或

```
from 模块名 import *
```

下面以数学模块math、随机数模块random、操作系统模块os、数组矩阵计算numpy为例介绍标准模块的使用方法。

1. import 模块名 [as 别名]

使用“import 模块名 [as 别名]”这种方式导入模块后，要在对象（如函数、常量等）前加

上模块名，以“模块名.对象名”的形式使用。模块名也可以更换为指定的别名。例如：

```
>>> import math                              #导入标准库math
>>> math.sin(1)                              #求1（单位是弧度）的正弦
0.8414709848078965
>>> math.pi                                  #获取常量π
3.141592653589793
>>> import random                            #导入标准库random
>>> n1 = random.random()                     #生成[0,1)内的随机小数
>>> n1
0.23042750569435222
>>> n2 = random.randint(1,100)               #生成[1,100]区间上的随机整数
>>> n3 = random.randrange(1, 100)            #生成[1,100)区间中的随机整数
>>> import os.path as path                   #导入标准库os.path，并设置别名为path
>>> path.isfile(r'C:\windows\notepad.exe')   #判断文件是否存在
True                                         #其中r'开头的字符串为原始字符串
>>> import numpy as np                       #导入第三方扩展库numpy，并设置别名为np
>>> arr = np.array((1,2,3,4,5,6,7,8))        #通过模块的别名访问其中的对象
>>> arr
array([1, 2, 3, 4,5,6,7,8])
>>> print(arr)
[1 2 3 4 5 6 7 8]
```

调入模块后，可以使用dir(模块名)查看模块中所包含的函数及常量等。import语句也可一次导入多个模块，但一般建议每个import语句只导入一个模块，且遵循标准库、扩展库和自定义库的顺序进行导入。

2. from 模块名 import 对象名[as 别名]

使用“from 模块名 import 对象名[as 别名]”方式明确导入模块中的指定对象，可以省去模块名，直接使用对象。这样能够提高程序的效率，同时也减少输入的代码量。例如：

```
>>> from math import sin                     #只导入模块中的指定对象
>>> sin(1)
0.8414709848078965
>>> from math import sin as f                #给导入的对象起个别名
>>> f(1)
0.8414709848078965
>>> from os.path import isfile
>>> isfile(r'C:\windows\notepad.exe')        #判断文件是否存在磁盘上
True
```

3. from 模块名 import *

使用“from 模块名 import *”方式可以导入模块中的所有对象。用这种方式导入时，模块中的对象也可以直接使用。例如：

```
>>> from math import *                       #导入标准库math中所有对象
```

```
>>> cos(1)                                    #求余弦值
0.5403023058681398
>>> pi                                        #常数π
3.141592653589793
>>> log2(3)                                   #计算以2为底的对数值
1.584962500721156
>>> log10(3)                                  #计算以10为底的对数值
0.47712125471966244
```

3.7　基本输入/输出

在例3-1中，已接触了Python的输出功能。实际上Python的输入/输出功能是由内置函数功能实现的。下面介绍Python的输入/输出操作。

3.7.1　使用input()函数输入

input()函数用于获取用户键盘输入的数据。其语法格式为：

```
input(["提示字符串"])
```

执行时，显示“提示字符串”，等待用户键盘输入，输入完成时以【Enter】键结束。输入的内容以字符串类型作为input()函数返回值。必要时可以使用内置函数int()、float()或eval()对用户输入的内容进行类型转换。语法中“提示字符串”可以省略。例如：

```
>>> a = input("请输入数据")                     #100作为字符串赋给了变量a
请输入数据100
>>> b = int(a) + 10                           #将a转换成整数再相加，否则出错
>>> print(a, b)
100 110
>>> print(type(a),type(b))                    #输出a的类型为字符串，b的类型为整数
<class 'str'> <class 'int'>
>>> b = int(input("请输入数据")) + 10 # input()函数，直接出现在表达式中
请输入数据100
>>> print(b)
110
>>> x = input("请输入学习的语言")              #输入字符串时，不需加引号
请输入学习的语言Python
>>> x
'Python'
>>> print(x)
Python
>>> y = input("请输入数据")                     #输入带引号时，引号作为字符串的一部分
请输入数据"abc"123456
>>> y
'"abc"123456'
```

```
>>> print(y)
"abc"123456
>>> int(y)+1                                  #不能转换成整数的字符串转换时出错
Traceback (most recent call last):
File "<pyshell#90>", line 1, in <module>
    int(y)+1
ValueError: invalid literal for int() with base 10: '"abc"123456'
```

3.7.2 使用print()函数输出

print()函数用于输出数据，可以输出到标准控制台或指定文件，其语法格式为：

```
print([value1, value2, ...][, sep=' '][, end='\n'][, file=sys.stdout])
```

语法格式中各参数的含义如下：

（1）value1，value2，...表示要输出的对象，可以有多个，也可一个也没有。

（2）sep参数用于指定对象输出时之间的分隔符，默认为空格，也可指定其他字符。

（3）end参数用于指定输出结尾符，默认为\n，表示回车。

（4）file表示输出位置，默认为sys.stdout，即标准控制台，也可指定输出到文件中。

前面已使用过了print()函数，下面给出其他print()函数的典型应用。例如：

```
>>> print()                                 #只输出默认的end参数回车，即空行
>>> print(1, 3, 5, 7)                       #默认分隔符为一个空格
1 3 5 7
>>> print(1, 3, 5, 7, sep='\t')             #修改分隔符为tab
1	3	5	7
>>> for i in range(5):                      #循环5次
        print(i)                            #默认输出一次，回车一次
0
1
2
3
4
>>> for i in range(5):
       print(i, end=' ')                    #修改end参数为空格，每个输出之后不换行
0 1 2 3 4
```

习　　题

1. 简述 Python 的常用数据类型。
2. 简述 Python 的增量赋值运算符种类，并举例说明其功能。
3. 试给出 Python 中两个变量交换值的几种方法。
4. 如何查看 Python 中的关键字，并上机验证。
5. 试改写例 3-1，通过 input() 函数输入一个整数 n，实现 1 ～ n 整数的累加和。

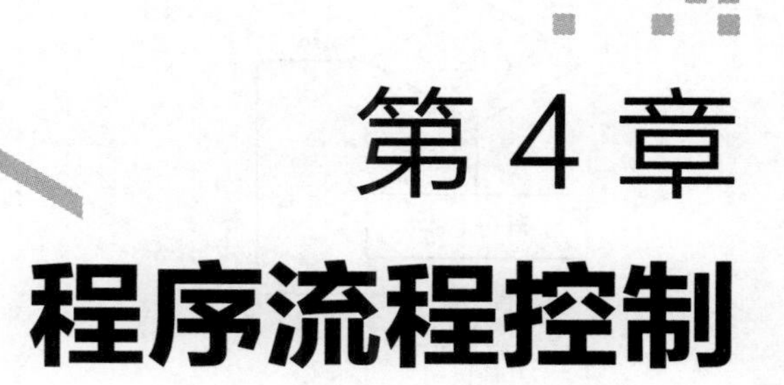

第4章 程序流程控制

结构化程序可分为顺序结构程序、分支结构程序和循环结构程序三种基本程序结构，在本章中，将系统介绍Python的三种基本程序结构。

4.1 结构化程序设计

结构化程序设计是进行以模块功能和处理过程设计为主的详细设计的基本原则。结构化程序设计采用自顶向下、逐步求精的设计方法，各个模块通过“顺序、选择、循环”的控制结构进行连接，并且只有一个入口、一个出口。

结构化程序设计的原则可表示为：程序=（算法）+（数据结构）。算法是一个独立的整体，数据结构（包含数据类型与数据）也是一个独立的整体。两者分开设计，以算法（函数或过程）为主。

结构化程序的三种基本结构：顺序结构、选择结构和循环结构。

1. 顺序结构

顺序结构表示程序中的各操作是按照它们出现的先后顺序执行的。这种结构的特点是：程序从入口点a开始，按顺序执行所有操作，直到出口点b处，所以称为顺序结构。顺序结构的执行过程如图4–1所示。

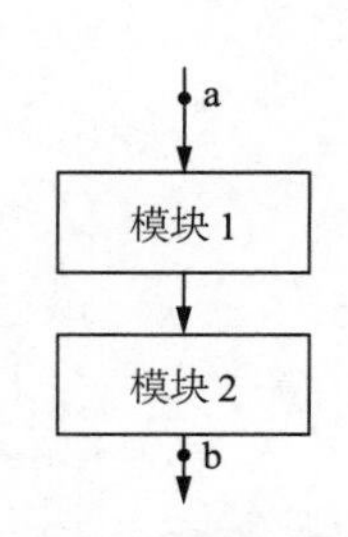

图 4–1　顺序结构的执行过程

2. 选择结构

选择结构表示程序的处理步骤出现了分支，它需要根据某一特定的条件选择其中的一个分支执行。选择结构有单选择、双选择和多选择三种形式。

（1）单分支结构

单分支结构是通过条件测试，当测试条件不成立时，则越过语句往下执行其他语句或结束，通常用于指定某一模块是否执行。单分支结构的执行过程如图4–2所示。

（2）双分支结构

双分支结构程序的执行过程是：当判断条件为真时，执行模块1，当判断条件为假时，执行模块2。双分支结构的执行过程如图4-3所示。

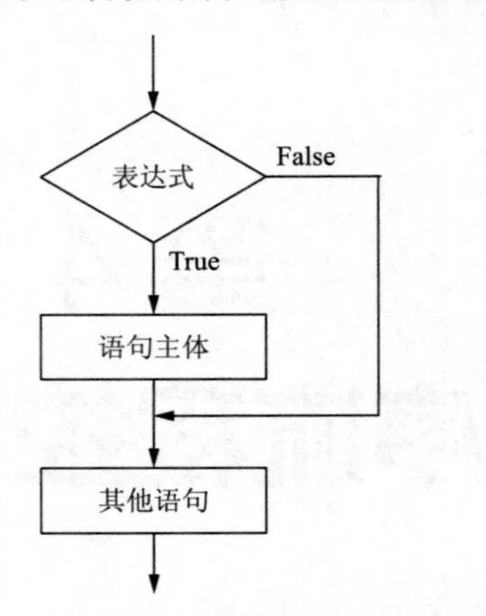

图 4-2 单分支结构的执行过程

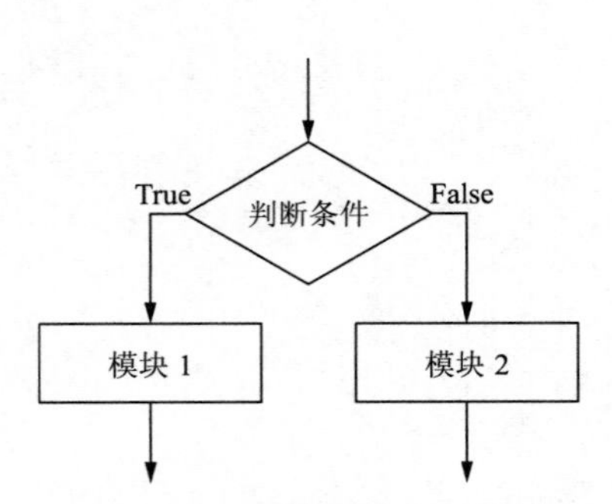

图 4-3 双分支结构的执行过程

（3）多分支结构

多分支结构是双分支结构的扩展，通常设有n个条件，n+1个模块（或Python语句），测试条件从上向下测试，当某个if布尔表达式的值为真时，执行对应的Python语句，然后退出多分支结构去执行其他语句。多分支结构的执行过程如图4-4所示。

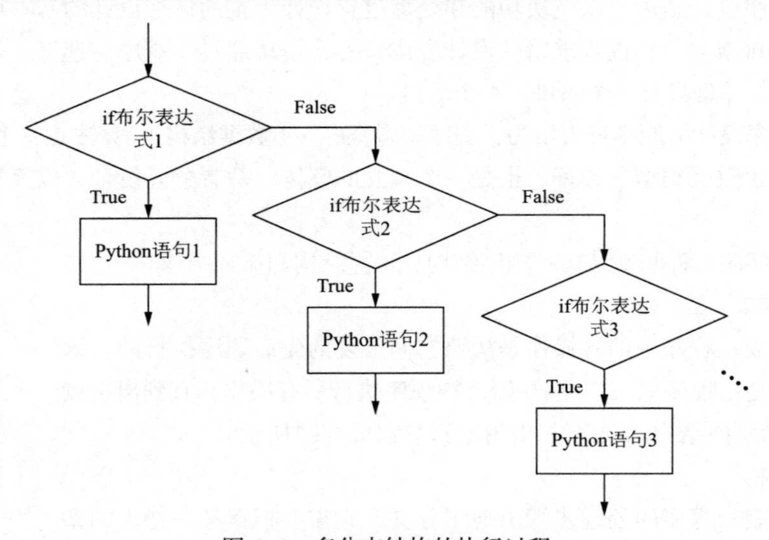

图 4-4 多分支结构的执行过程

3.循环结构

循环结构是重复执行一个或几个模块，直到满足某一条件为止。常用的循环结构有当型循环结构和直到型循环结构等。

（1）当型循环

当型循环结构是先判断循环条件，当循环控制条件成立时，再重复执行后续的特定处理，其执行过程如图4-5所示。

（2）直到型循环

直到型循环结构是后判断循环条件，当循环控制条件成立时，重复执行某些特定的处理，直到控制条件成立为止，其结构如图4-6所示。

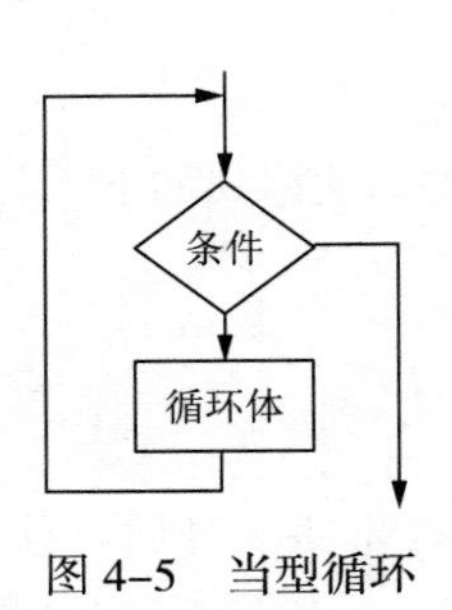

图 4-5　当型循环

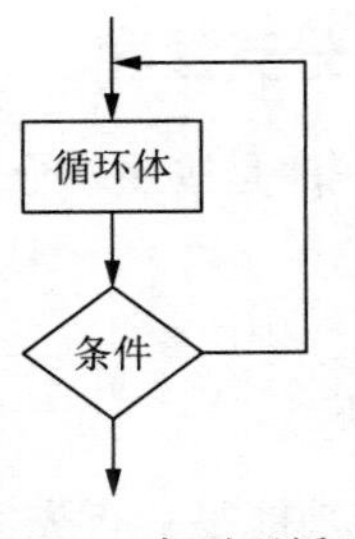

图 4-6　直到型循环

4.2　顺序结构

顺序程序结构是指无分支、无循环的程序结构，在这种程序结构中，按语句的物理位置顺序执行程序。

在Python程序中，语句执行的基本顺序是按各语句出现位置的先后顺序（物理顺序）执行，这种程序结构称为顺序程序结构，程序的运行轨迹是一条直线，无分支和循环出现。

如果某段程序由下述三条语句组成：

```
语句1
语句2
语句3
```

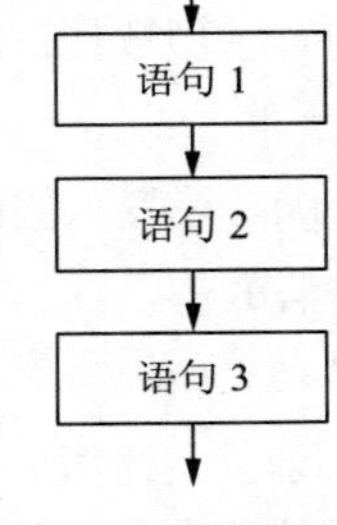

图 4-7　顺序程序结构

如图4-7所示，程序执行顺序是先执行语句1，再执行语句2，最后执行语句3，三个语句之间是顺序执行关系。

【例4-1】顺序程序结构。

```
#example4.1
x=10
y=20
z=x*y
print(x)
print(y)
print(z)
```

程序运行结果如下：

```
10
20
200
```

4.3 选择结构

基于分支结构的三种主要形式，Python的分支程序分为单分支程序、双分支程序和多分支程序。

4.3.1 单分支程序

单分支程序是按照单分支结构构造的程序。单分支if语句的语法格式如下：

```
If条件:
    模块1
    模块2
```

if语句的功能是：首先完成条件判断，当测试条件成立时（非零），则执行后面的模块1，否则跳过模块1，执行后继模块2。其中条件是一个条件表达式，表达式后面是冒号“：”，表示一个模块的开始，并且模块做相应的缩进，一般是以4个空格为缩进单位。模块是一条或多条语句序列，当程序指向if语句时，如果判断到条件为True，则执行模块，如果判断到条件为False，则跳过模块。不管条件为True，还是为False，单分支if语句执行结束后都会执行与该单分支if语句同层次的下一条语句继续执行程序。

在Python程序中，由于分支程序结构的执行是依据一定的条件测试来执行路径，所以必须掌握条件的设置方法。通过检测某个条件，达到分支选择。条件是一个表达式，测试的结果值为布尔型数据，即true或false。

- 假（false）

false是表示假的值，例如，FALSE，None，0，''（没有空格），""（没有空格），()，[]，{}都是假的值。

- 真（true）

除了上述假的值之外，其他值都可以判定为真。可以使用命令行的运行方式来测试说明其真假值。

分支程序中的条件在多数情况下是一个关系比较运算。if 语句的判断条件可以用>（大于）、<（小于）、==（等于）、>=（大于或等于）、<=（小于或等于）来表示其关系。

例如：输入两个数字，找出其中较大的一个数（包括相等）并输出。

```
x=eval(input( "x= "))
y=eval(input( "y= "))
if x>y:
    y=x
    print( "max: ",y)
```

程序运行结果如下：

```
x=15
y=9
max:15
```

【例4-2】输入两个数字，经程序处理后，输出其中较大的数字。

```
#example4.2
x=eval(input('x: '))
y=eval(input('y: '))
print('x&y:',x,y)
if x>y:
   print('较大数字: ',x)
if x<y:
   print('较大数字: ',y)
print('两个数字相等: ',y)
```

程序运行结果如下：

```
x: 20
y: 30
x&y:20 30
较大数字: 30
```

上述程序的说明如下：

① 利用input()函数输入两个数字，然后对其进行比较，将较大者使用print()函数输出。

② 例如输入的两个数字是20和30，执行第一个if语句，判断条件x>y为False，不执行print("较大数字:", x)语句，分支判断结束。执行第二个if语句，判断条件x<y为True，执行print("较大数字:", y)语句，所以程序输出“较大数字：30”。如果判断条件x<y为False，则输出“两个数字相等”。

【例4-3】输入用户年龄，然后根据年龄输出不同的内容。程序如下：

```
#example4.3
age=20
if age>=18:
   print('your age is:',age)
   print('>=18')
```

上述程序的执行结果如下：

```
your age is:20
>=18
```

根据Python语言的缩进规则，如果if语句判断是True，就把缩进的两行print语句执行了，否则，什么也不做。

例如：

```
x=input('Input two numbers: ')      #利用input()函数返回字符串
a,b=map(x,split())                  #split()方法使用空格对字符串进行切分
if a>b:
   a,b=b,a                          #序列解包，交换两个变量的值
print(a,b)
```

4.3.2 双分支程序

双分支程序是使用较多的一种分支结构，双分支程序的基本if语句结构如下：

```
if 条件:
   模块1
else:
   模块2
```

双分支if语句是在单分支if语句的基础上添加一个else语句，其含义是，如果if判断是False，就不执行if模块1，而是执行模块2。else之所以叫子句，是因为它不是独立的语句，而只能作为if语句的一部分，当条件不满足时执行。

例如：如果输入数为10，则输出True；否则输出False。

```
x=input('Input a numbers: ')
if x==10:
   print( " true " )
else:
   print( " false " )
```

【例4-4】输入两个不相等的数字，处理后输出其中较大的数字的双分支结构程序。

```
#example4.4
x=eval(input('输入第1个数字:'))
y=eval(input('输入第2个数字:'))
print('输入的两个数字: ',x,y)
if x>y:
   print('较大数字:',x)
else:
   print('较大数字:',y)
```

程序运行结果如下：

```
输入第1个数字: 22
输入第2个数字: 55
输入的两个数字:22 55
较大数字: 55
```

【例4-5】使用双分支结构计算鸡兔同笼问题。

鸡兔同笼问题是经常使用的经典例子，它是指已知鸡兔的总数量和腿的总数量，求解鸡兔各多少只。

用x表示鸡的数量，用y表示兔的数量，用s表示鸡和兔的总数，用st表示腿的总数，求解这个问题的二元一次方程组如下：

$$\begin{cases} x+y=s \\ 2x+4y=st \end{cases}$$

程序如下：

```
#example4.5
s,st=map(int,input('s,st:'),split())
y=(st-s*2)/2
if int(y)==y:
   print('鸡的数量：',int(s-y), '兔的数量：'int(y))
else:
   print(数据不正确，无解)
```

程序运行结果如下：

```
s,st:10 28
鸡的数量：6   兔的数量：4
```

Python还提供了一个三元运算符，并且在三元运算符构成的表达式中可以嵌套三元运算符，可以实现双分支选择结构相似的效果，语法如下：

```
valuel if condition else value2
```

其语义是当条件表达式condition的值与True等价时，表达式的值为valuel，否则，表达式的值为value2。例如：

```
>>> a=5
>>> print(6 if a>3 else 5)
6
>>> b=6 if a>13 else 9
>>> b
9
```

4.3.3　多分支结构

1. 多分支if语句的语法格式

当判断的条件有多个且判断结果有多个时，可以用多分支if语句进行判断，其结构如图4–4所示，多分支if语句的语法格式如下。

```
if条件1:
  模块1
elif条件2:
  模块2
elif条件3:
  模块3
…
elif条件n:
  模块n
else:
  模块m
```

在上述格式中，使用了elif语句。elif语句是“elseif”的简写，表示if和else子句的联合使用，它是具有条件的else子句。if语句执行是从上向下判断，如果在某个判断上结果是True，则执行该判断所对应的模块，当然也就忽略掉剩下的elif和else。

【例4-6】如果用户输入0～9之间的整数，则打印输入的整数；如果输入大于9，则打印“>9”，否则打印“<0”。

```
#example4.6
x=int(input('Please enter an integer in 0-9:'))
if 0<x<9:
    print('in 0-9')
elif x>9:
    print('>9')
else:
    print('<0')
```

程序运行结果如下：

```
Please enter an integer in 0-9: -5
<0
```

【例4-7】判断年龄范围程序。

```
#example4.7
age=20
if age>=6:
    print('>=6')
elif age>=18:
    print('>=18')
else:
    print('<=6')
```

if判断条件还可以简写，例如写为：

```
if x:
print('True')
```

只要x是非零数值、非空字符串、非空list等，就判断为True，否则为False。

4.4 循环结构

循环程序是指在给定条件为真的情况下，重复执行某些语句。应用循环结构可以减少程序中大量重复的语句。Python语言的循环结构主要包含两种类型：while语句和for语句。涉及循环程序设计的常用语句主要有：while语句、for语句以及与for语句一起使用的range()内置函数。与此同时，还包括循环语句紧密相关的break语句、continue语句和pass语句等。

4.4.1 while 语句

while循环程序主要由while语句构成，while语句的功能是：当给定的条件表达式为真时，重复执行循环体（即内嵌的模块），直到条件为假时才退出循环，并执行循环体后面的语句。

while语句的语法格式如下。

```
while条件表达式:
    循环体
```

while语句的工作流程图如图4-8所示。

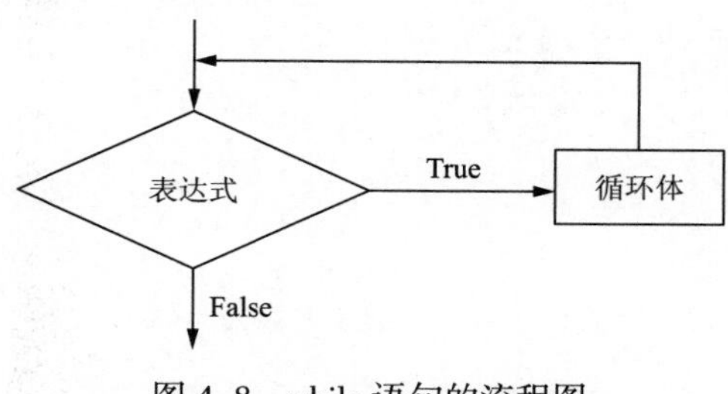

图 4-8　while 语句的流程图

将while语句的流程图与if语句的流程图相比较后，可以看出，两者都由一个表达式和循环体（或语句体）组成，并且都是在表达式的值为真时执行语句体或循环体。但两者的关键区别是，对于if语句，它执行完循环体后，退出了if语句；而对于while语句，它执行完循环体后，又返回到表达式，只要表达式的值为真，它将一直周而复始地重复这一过程。

关于while语句的几点说明：

① 保持组成循环体的各语句的缩进形式。

② 循环体中要有控制循环结束的代码，否则造成无限循环。

③ 循环体既可以由单条语句组成，也可以由模块组成，但是不能没有任何语句。

④ 因为Python语言区分大小，关键字while必须为英文小写。

【例4-10】计算并输出1～20之间的奇数程序。

```
#example4.10
integer=1
while integer<=20:
if integer%2==1:
    print integer
integer=integer+1
```

程序输出结果如下：

```
1
3
5
7
9
11
13
15
17
19
```

【例4-11】打印斐波那契数列前*n*个元素的程序。

```
#example4.11
a=0
b=1
sum=0
n=int(input())
while n>0:
    sum=a+b
    a=b
    b=sum
    n-=1
    print(a)
```

当使用循环结构时，需要考虑控制循环结束的方法。对于while语句，通常使用下述两种方式来控制循环的结束，一种是计数器循环控制法，一种是信号值循环控制法。

1. 计数器循环控制法

计数器控制的循环结构适于在循环执行之前就需要知道重复执行次数。例如，要求用户输入10个整数，每次输入一个数字之后，求出其平均值并输出结果。使用计数器来控制输入循环必须设置一个变量counter作为计数器，可以用它来控制输入语句的执行次数。当计数器一旦超过10，便停止循环。此外，还需要一个变量total来累计输入的整数的次数，将变量total初始化为0。

程序运行过程如下：首先，用户输入10个整数。用一条while语句使函数循环执行10次。循环语句中的表达式为：counter<=10，因为counter的初始值为1，而循环体中使循环趋向于结束的语句是：counter=counter+1，所以循环体将执行10次。

每轮循环中，函数会输出“输入一个整数：”，提示用户进行输入。当用户输入后，int()函数将输入的内容转换为一个整数，并累加到变量total中。这三个动作是用一条语句完成的。

【例4-12】计算输入数据的平均值程序。

```
#example4.12
total=0
counter=1
while counter<=10:
    total=total+int(input('input a int data:'))
    counter=counter+1
print(' average value:',float(total)/10)
```

首先将累加的结果转换为浮点数，然后除以10，并用print()函数输出。如果使用计数器counter来除以累加值total计算平均值，将导致错误。因为当用户输入第十个整数时，counter的值为10，表达式值为真，所以循环体继续执行。当执行了循环体的最后一条语句，即counter循环体的最后一条语句，即counter=counter+1之后，counter的值变成11，再次判断表达式，这时表达式的值为假，所以退出循环。也就是说，当循环退出时，counter的值是11，而不是10。所以，用它来求10个整数的平均值显然是错误的。

程序运行结果如下：

```
input a int data:2
input a int data:3
input a int data:3
input a int data:3
input a int data:3
input a int data:3
input a int data:3
input a int data:3
input a int data:3
input a int data:5
average value:2.9
```

2. 信号值循环控制法

计数器循环控制法适合于事先确定循环次数的场景，但是对于无法事先确定具体的循环次数的场景，就需要使用到信号值循环控制法。例如，设计一段程序来计算某计算机学院各系教师的平均年龄。可以使用一个循环语句录入各人员的年龄，但是由于各系人员数不一致，计数器循环控制法不适合这种场景，这时可以使用信号值循环控制方法。信号值就是使用一个特殊数值，用它来指示循环结束。

在信号值循环控制法的程序中，可以不断地输入各系人员的年龄，直到输入结束时就可以输入信号值，告诉程序输入各系人员年龄的工作结束了。因为信号值与正常数据一起输入，所以选择信号值时一定要使信号值与正常数据有明显区别，以防止与正常值相混淆。例如，各系人员的年龄都大于或等于18岁，为了防止与正常值相混淆，选择1作为信号值，这样就绝对不会与各系人员的年龄相混淆。

【例4-13】使用信号值循环控制的平均值计算程序。

```
#example4.13                        #用变量total存储年龄之和
counter=0                           #用counter存储人员数量
age=int(input('输入人员年龄，1表示输入结束：'))
while age!=1:
    total=total+age
    counter=counter+1
    age=int(input('输入人员年龄，用1表示输入结束：'))
    if counter!=0:
    print('平均年龄是：',float(total)/counter)
else:
    print('输入完成！')
```

如果conuter变量的值为0，那么执行上述选择结构中else子句的内嵌语句，即输出“输入完成！”。

在循环体中，将输入的年龄累加到变量total中，并将计数器加1，接着执行循环体中的最后一条语句：要求用户再次输入一个人的年龄。需要注意的是，对while结构的条件进行判断之前来请求下一个值，这样就能先判断刚才输入的值是否是信号值，再对该值进行处理。当循环体中的语句执行一遍后，程序会重新检测while语句的条件表达式，以决定是否再次执行while结构的循环体。换句话说，如果刚才输入的值是信号值，则退出循环体；否则，继续重复执行循环体。只要循环体执行一次，那么当退出循环后，计数人员数量的变量counter的值肯定大于0，所以这时就会执行最后面的选择结构中的if子句内嵌的语句体，即计算平均年龄并输出。

4.4.2 for 语句

for语句循环是一种遍历型的循环，因为它依次对某个序列中全体元素进行遍历，遍历完所有元素之后便终止循环。for语句的语法格式如下：

```
for 控制变量 in 可遍历的表达式:
循环体
```

其中，关键字in是for语句的组成部分，为了遍历可遍历的表达式，每次循环时，都将控制变量设置为可遍历的表达式的当前元素，然后在循环体中开始执行。当可遍历的表达式中的元素遍历一遍之后，即没有元素可供遍历时，就退出循环。for语句的工作流程图如图4-9所示。

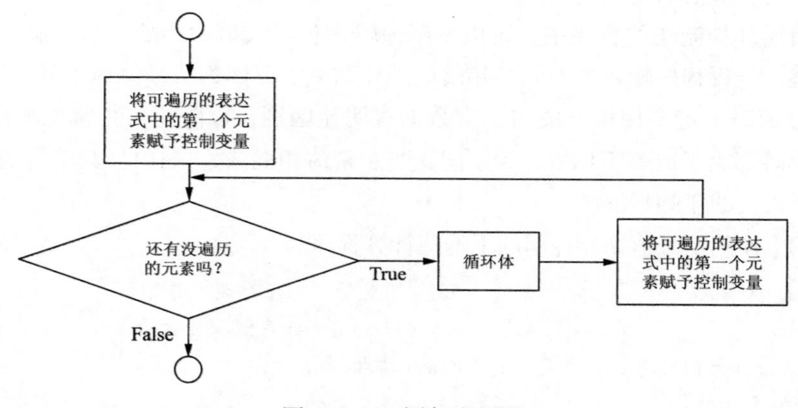

图 4-9　for 语句流程图

例如：

```
for char in 'hello':
    print(char)
```

运行结果：

```
h
e
l
l
o
```

1. for i in range()结构

可将for语句与range()函数结合使用，构成for i in range()结构。

例如：输出0～9之间的偶数。程序如下：

```
#输出10以下非负整数中的偶数
for integer in range(10):
    if integer % 2==0:
print(integer)
```

程序运行结果如下：

```
0
2
4
6
8
```

上述程序的执行过程说明如下：首先，for语句开始执行时，range()函数会生成一个由0～9这十个值组成的数字序列。然后，将序列中的第一个值即0赋给变量integer，并执行循环体。在循环体中，将变量integer除以2，如果余数为零，则打印该值；否则跳过打印语句。执行循环体中的选择语句后，序列中的下一个值将被装入变量integer，如果该值是序列中的，那么继续循环，依此类推，直到遍历完序列中的所有元素为止。

【例4-14】打印九九乘法表程序。

```
#example4.14
for i in range(1,10):
    for j in range(1,i+1):
        print(j, '×',i,'=',j*i,end='\t')
    print()
#打印右上方乘法表
for i in range(1,10):
    s=' '
    for j in range(i,10):
        s+='{}*{}={:<{}}'.format(i,j,i*j,3 if j<4 else 4)
    print('{:>70}'.format(s))
#注释：format函数{}可以嵌套；该方法运用了三目表达式
```

2. for e in L结构

在for e in L结构中，L为一个列表。与上述的for i in range()结构不同的是，如果循环中L被改变了，将会影响到for e in L结构。

例如：如果需要遍历列表L，并打印出L中所有元素，还要在元素为0时向列表中添加元素100，使用for e in L结构的方法如下。

（1）使用append()函数在原列表中添加新元素100，程序如下：

```
L=[0,1,2,3,4,5]
for e in L
```

```
    print(e,end=' ')
if e=0; L.append(100)
```

（2）使用L=L+[100]这种方式添加新元素100，程序如下：

```
L=[0,1,2,3,4,5]
for e in L
   print(e,end=' ')
if e==0;L=L+[100]
```

程序运行结果如下：

```
0 1 2 3 4 5
```

4.4.3 break和continue语句

使用break语句和continue语句可以改变循环流程。当break语句在循环结构中执行时，将导致立即跳出循环结构，转而执行该结构后面的语句。使用break语句可以打破了最小封闭for或while循环。

可以使用break语句来终止循环语句，即可在循环条件没有False条件或者序列还没被完全循环结束情况下，也可停止执行循环语句。

1. break语句

在while和for循环中，如果使用嵌套循环，break语句将停止执行最深层的循环，并开始执行下一行代码，其工作流程如图4-10所示。

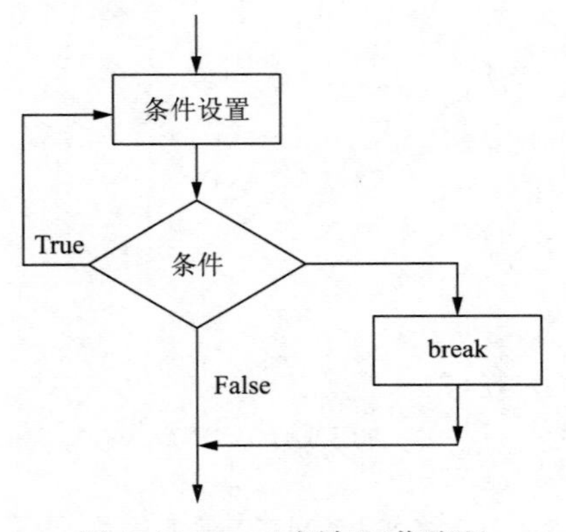

图 4-10　break 语句工作流程

例如：如果i>5，则退出循环。

```
while True:            #使用常量True作为条件表达式
    s+=i
    i+=1
if i>5:                #如果符合i>5条件，使用break语句退出循环
    break
```

又例如：当i==5时，停止循环。

```
i=0
while i<10:
   i+=1
   if ir==5:
          break
print( " i= " , i)
```

程序运行结果如下：

```
var=1
var=2
var=3
var=4
```

2. continue语句

利用break语句可以跳出本次循环，而使用continue语句可以跳过当前循环的剩余语句，然后继续进行下一轮循环。而break是跳出整个循环。continue语句用在while和for循环中。continue语句的工作流程如图4-11所示。

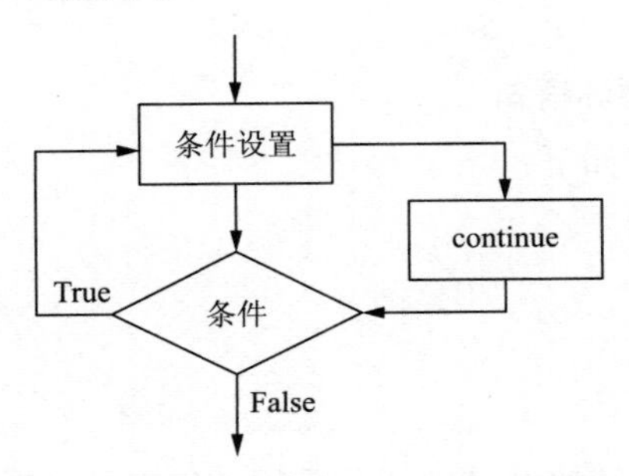

图 4-11　continue 语句的工作流程

continue语句跳出循环结构与break语句不同，当continue语句在循环结构中执行时，并不会退出循环结构，而是立即结束本次循环，重新开始下一轮循环，也就是说，跳过循环体中在continue语句之后的所有语句，继续下一轮循环。对于while语句，执行continue语句后会立即检测循环条件；对于for语句，执行continue语句后并没有立即检测循环条件，而是先将“可遍历的表达式”中的下一个元素赋给控制变量，然后再检测循环条件。例如，在例4-15中，依次输出字符串“hello”中的各个字符，但忽略字符串中的字符“l”。

【例4-15】continue语句应用。

```
#example4.15
for i in 'Hello':
    if i=='l':
         continue
    count=0
    print('current letter:',i)
var=0
while var<5:
```

```
    var+=1
   if var==3:
       continue
   print('current variables:',var)
```

程序运行结果如下：

```
current letter:H
current letter:e
current letter:o
current variables: 1
current variables: 2
current variables: 4
current variables: 5
```

4.4.4 循环中的 else 子句

Python语言的两种循环语句有一个很大的不同之处，那就是Python的循环语句可以带有else子句。

1. 带有else子句的while循环语句

while循环语句的语法格式如下：

```
while循环表达式:
    循环体
else:
    语句体
```

当while语句带else子句时，如果while子句内嵌的循环体在整个循环过程中没有执行break语句（循环体中没有break语句，或者循环体中有break语句但是始终未执行），那么循环过程结束后，就执行else子句中的语句体。否则，如果while子句内嵌的循环体在循环过程中一旦执行break语句，那么程序的流程将跳出循环结构，因为这里的else子句也是该结构的组成部分，所以else子句内嵌的语句体也不执行。

2. 带有else子句的for循环语句

带有else子句的for循环语句的语法格式如下：

```
for控制变量in可遍历的表达式:
   循环体
else:
   语句体
```

与while语句类似，如果for从未执行break语句的话，那么else子句内嵌的语句体将得以执行；否则，一旦执行break语句，程序流程将连带else子句一并跳过。

例如：判断给定的自然数是否为素数。

```
number=int(input('输入一个自然数：'))
factor=number//2
```

```
while factor>1:
    if number%factor==0:
        print (number, '具有因子',factor, ',所以它不是素数')
        break                #跳出循环，包括else子句
    factor=factor-1
else:
    print(number, '是素数')
```

如果输入一个自然数2，程序运行结果如下：

```
输入一个自然数：2
2是素数
```

如果输入一个自然数9，程序运行结果如下：

```
输入一个自然数：9
9具有因子3，所以它不是素数
```

从运行结果可以看出，只要循环体中执行了break语句，那么循环结构中的else子句就不执行，只有循环体正常退出时，才执行else子句。

4.4.5 案例解析

【例4–16】计算最大公约数与最小公倍数。

最大公约数与最小公倍数程序的功能是：输入两个数值，求两个数的最大公约数和最小公倍数。两个或多个整数公有的倍数称为公倍数，而除0以外最小的一个公倍数称为这几个整数的最小公倍数；求最小公倍数的算法是：最小公倍数 =两个整数的乘积/最大公约数。程序如下：

```
#example4.16
num1 = int(input("输入第一个数："))
num2 = int(input("输入第二个数："))
if num1 >= num2:                          #找出两个中较小的一个数存入min
     min = num2
else:
     min = num1
     for i in range(1,min+1):
         if num1%i == 0 and num2%i == 0:
              max = i
print('最大公约数:%d' %(max))
print('最小公倍数:%d' %((num1 * num2)/max))
```

运行结果：

```
输入第一个数：5
输入第二个数：6
最大公约数：1
最小公倍数：30
```

【例4-17】计算基础代谢率BMR。

基础代谢率（Basal Metabolic Rate，BMR）是指人在安静状态下（通常在静卧状态）消耗的最低能量，人的其他活动都建立在这个基础上。其计算公式为：

BMR（男）=（13.7×体重（kg））+（5.0×身高（cm））-（6.8×年龄）+66

BMR（女）=（9.6×体重（kg））+（1.8×身高（cm））-（4.7×年龄）+655

程序如下：

```
#example4.17
def main():
    y_or_n=input('是否退出程序(y/n)?:')
    while y_or_n == 'n':
        print('输入以下信息，用空格分隔')
        input_str = input('性别 体重(kg) 身高(cm) 年龄:')
        str_list = input_str.split(' ')
        gender = str_list[0]
        weight = float(str_list[1])
        height = float(str_list[2])
        age = int(str_list[3])
        if gender == '男':
           bmr=(13.7*weight)+(5.0*height)-(6.8*age)+66     #男性
        elif gender == '女':
           bmr=(9.6*weight)+(1.8*height)-(4.7*age)+655     #女性
        else:
            bmr = -1

        if bmr != -1:
            print('您的性别：{0};身高：{2}厘米;体重：{1}公斤;年龄：{3}岁'.
format(gender, weight, height, age))
            print('基础代谢率：{}大卡'.format(bmr))
        else:
            print('暂不支持该性别')
        print() # 输出空行
        y_or_n = input('是否退出程序(y/n)?:')
if __name__ == '__main__':
    main()
```

程序运行结果如下：

```
是否退出程序(y/n)?: n
输入以下信息，用空格分隔
性别 体重(kg)身高(cm)年龄：男 60  178  20
您的性别 男，身高：178，体重：60.0公斤，年龄：20岁
基础代谢率：1642.0大卡
是否退出程序(y/n)?:
```

习　题

1. 编写程序，计算 100 以内的所有整数中能够同时被 5 和 7 整除的最大整数。

2. 编写程序，用户输入一些数字，如果某个数字出现了多次，只保留一个。

3. 编写程序，计算一元二次方程 $y=ax^2+bx+c$ 的根。

4. 编写程序，输入两个数，求两个数字的最大公约数。

5. 编写程序，判断输入一个数字是否为素数（只能被 1 和自身整除的数字称为素数）。

6. 编写程序，使用 if...else 语句实现百分制与五级制之间的转换。

7. 编写程序，使用 while 循环计算 2 ～ 200 的偶数和。

8. 编写程序，输入三角形的三条边，先判断是否可以构成三角形，如果可以，则求出三角形的周长和面积，否则报错："无法构成三角形"。

提示：构成三角形的条件：每条边必须大于 0，并且任意两条边之和大于第三边。

第5章 Python 序列类型

Python的数据类型除了数值（数字）和bool值之外，其他都是序列（Sequence），或者称为容器，是指按特定顺序依次排列的一组数据，它们可以占用一块连续的内存，也可以分散到多块内存中。序列类型包括字符串、列表、元组、集合和字典，它们的共同特点是能够存储一串、一系列的数据，也支持几种通用操作，下面将详细介绍除字符串以外的其他序列。

5.1 序列通用操作

Python中的所有序列都可以进行一些特定的通用操作，这些操作主要包括索引、分片、相加、相乘、成员资格、长度、最小值和最大值等，此外，还包括确定序列的长度以及确定最大元素和最小元素的方法。

5.1.1 索引

索引即元素在序列中的编号，Python可以采用正向索引和反向索引。

① 正向索引：编号从0开始，从左向右依次递增，0为第一个元素索引。s[i]表示序列s的第i个元素。如果索引下标越界，则提示IndexError错误；如果索引下标不是整数，则提示TypeError错误。例如：

```
>>> world = "Hello Word"
>>> world[0]
'H'
>>> world[3]              #第四个元素
'l'
```

② 反向索引：编号从-1开始，从右向左依次递减，-1为最后一个元素的索引，例如：

```
>>> world = "Hello Word"
>>> world[0]
'H'
```

```
>>> world[3]
'l'
>>> world[-1]          #从右边开始计数
'd'
>>> world[-2]
'r'
```

5.1.2　切片

通过冒号相隔的两个索引实现分片。分片操作需要提供两个索引作为边界，第一个索引的元素包含在分片内，第二个索引的元素则不包含在分片内。如果x是需要读取的元素，a是分片操作时的第一个索引，b是第二个索引，则有$a \leqslant x < b$，即$x \in [a,b)$。可以看出，使用索引可以对单个元素进行访问，而使用分片可以完成对一定范围内的多个元素实现访问。

1. 分片操作的基本格式

通过分片操作可以截取序列的一部分，例如，对于s序列，如果分片操作的基本格式为：

```
s[i:j]
```

或者

```
s[i:j:k]
```

其中，i为序列开始下标（包含s[i]）；j为序列结束下标（不包含s[j]）；k为步长。

① 如果省略i，则从0开始；如果省略j，则直到序列结束为止；如果省略了步长，则默认步长为1。

② 索引可以为负数。

③ 如果截取范围内无数据，则获得的是空序列。

2. 分片操作举例

列表也是一种序列类型。例如：

```
>>> data1=[1,2,3,4,5,6,7,8,9,10]
>>> data1[2:4]                #取索引为第2和第3个元素，但不包括第4个元素
[3,4]
>>> data1[-4:-1]              #从右开始计数，取索引为第-2到第-4的元素
[7,8,9]
>>> data1[-4:]                #把第二个索引置空，表明包括了序列结尾的元素
[7,8,9,10]
>>> data1[:3]                 #把第一个索引置空，表明包含序列开始的元素
[1,2,3,4]
>>> data1[0:10:1]             #在分片时，步长为1，与默认的效果一样
[1,2,3,4,5,6,7,8,9,10]
>>> data1[0:10:2]             #步长为2，跳过了某些序列元素
[1,3,5,7,9]
>>> data1[10:0:-1]            #步长为负数，第一个索引一定要大于第二个索引
[10,9,8,7,6,5,4,3,2]
```

```
>>> data1[10:0:-2]
[10,8,6,4,2]                        #步长为-2，跳过了某些序列元素
```

对于一个正数步长，从序列的头部开始向右提取元素，直到最后一个元素为止，而对于负数步长，则是从序列的表示尾部开始向左提取元素，直到第一个元素为止。

3. 空序列

空序列是指无任何元素的序列，例如空列表用[]表示，截取空序列的方式如下。

① 对于负数索引，如果将0索引作为最后一个元素，得到的截取序列为空序列。例如：

```
>>> data[-2:0]
[]
```

只要在分片中最左边的索引比其右边的索引晚出现在序列中，结果就是一个空序列。

② 对于正数索引，最后一个元素为第1个索引，则输出为空序列。例如：

```
>>> data[:0]
[]
```

可以看出，分片操作既支持正数索引，也支持负数索引，可以很方便、灵活地获取序列的一部分。

5.1.3 加法

1. 两序列的连接

两序列相加是指序列的连接操作，可以使用加号实现序列的连接操作。数字序列与数字序列可以通过加号连接，连接后的结果还是数字序列。例如：

```
>>> [1,2,3]+[4,5,6]
[1,2,3,4,5,6]
```

2. 两字符串序列连接

① 通过加号连接。字符串序列与字符串序列也可以通过加号连接，连接后的结果还是字符串序列。例如：

```
>>> 'Hello'+'World!'
'HelloWorld!'
```

② 通过变量实现连接。例如

```
>>> s='Hello'
>>> r=' World!'
>>> s+r
'Hello World!'
```

3. 数字序列与字符串序列不可连接

数字序列与字符串序列不能通过加号连接。例如：

```
>>> [1,2,3]+ 'Hello'
Traceback(most recent call last):
File''<stdin>'',line1,in<module>
```

```
TypeError:can only concatenate list(not''str'')to list
```

在这个例子中，虽然它们都是序列，但是数据类型不同，不能相加。如果进行相加，将给出错误提示，即抛出异常。

5.1.4 乘法

乘法是指用数字x乘以一个序列将生成新序列，生成的新序列是原来序列重复x次。例如字符串python乘4后，得到新的字符串为pythonpythonpythonpython。

```
>>> 'python'*4
'pythonpythonpythonpython'
```

列表[8]乘5后，得到新的列表为[8,8,8,8,8]。

```
>>> [8]*5
[8,8,8,8,8]
```

如果需要初始化一个长度为x的序列，则将每个编码位置上都置为空值，此时需要一个值代表空值，即其中没有任何元素，可以使用Python的内建值None，确切含义是“这里什么也没有”。例如

```
>>> [None]*4          #None为内建值，这样书写是创建长度为4的元素空间
[None,None,None,None]
```

也可以通过变量创建元素空间。例如

```
>>> sql=[None]*6          #初始化sql为含有6个None的序列
>>> sql
[None,None,None,None,None,None]
```

5.1.5 成员检测

1. x in s方式

使用x in s方式可以判断一个元素x是否在序列s中。如果在其中，就返回Ture；如果不在，就返回False。这种运算符是布尔运算符，返回的真值是布尔值。其中x的类型与s的类型应一致。数值类型不能够在字符串列表中通过in运算符进行成员检测，而字符串类型也不能够在数值类型列表中通过in运算符进行成员资格检测。例如：

```
>>> information='rw'
>>> 'r' in information              #检测字符串r是否在字符串information中
True
>>> 5 in information                #检测数值5是否在字符串information中
False
```

2. x not in s方式

使用x not in s方式可以判断一个元素x是否不在序列s中。如果不在其中，就返回Ture；如果在，就返回False。例如：

```
>>> users=['xiaoli', 'xiaowang', 'xiaochen']
>>> 'xiaowang' not in users          #检测xiaowang是否不在字符串列表users中
False
>>> 'xiaozhang' not in users         #检测xiaozhang是否不在字符串列表users中
True
```

3. s.count(x)方式

使用s.count(x[,I,end]))方式可以返回x在s中出现的次数，其中，指定范围(i,j)从下标i开始，到下标j结束。例如：

```
>>> s='Good,morning'
>>> s.count('o')
3
>>> s.count('n')
2
```

5.1.6 排序

在Python中，可以使用内置的sort()函数对序列进行排序，也可以使用内置的sorted()函数对序列进行排序，这两种函数的主要区别是，当使用sort()时，是仅对原序列进行排序，并没有生成一个新的序列，而sorted()函数不但排序，还生成一个新的序列。

1. 采用内置的sort()函数对序列进行排序

使用sort()函数可对原序列进行排序，并不生成一个新的序列，也就是说，返回值为None。例如：

```
a=[5,2,1,3,4]
a.sort()
print(a)
```

程序运行结果如下：

```
[1,2,3,4,5]
```

2. 采用sorted()函数对序列进行排序

使用sorted()函数对序列进行排序，并返回一个新的序列。例如：

```
x=[5,2,3,1,4]
y=sorted(x)
print(x)
print(y)
```

程序运行结果如下：

```
[5,2,3,1,4]
[1,2,3,4,5]
```

通过比较可以看出，sorted()函数比sort()函数功能更为强大，当不需要原序列时，可以使用sort()函数对序列进行重新排序；但是当需要保留原序列时，可以使用sorted()函数对序列排序后，产生新的序列。

3. 排序顺序

利用reverse设置可以选择排序顺序。如果reverse=True，则升序排序；如果reverse=False，则降序排序。当默认时为升序排序。例如：

```
>>> ss='axfd'
>>> sortted(ss,reverse=True)
['a','d','f','x']
>>> sortted(ss,reverse=False)
['x','f','d','a']
>>> sortted(ss)
['a','d','f','x']
```

4. 排序参数设置

可以使用key参数定义排序规则，key是用于比较键值的函数（带一个参数）。例如：

```
key=str.lower
```

通过内置函数sortted()可以返回序列的新排序，sortted()函数的形式如下：

```
sortted(iterable,key=none,reverse=False)
```

其中，key是一个指明排序规则的值，key=str.lower, 指明了按英文字母从小到大进行排序。例如：

```
lst=sorted('This is a test string from Andrew'.split(),key=str.lower)
print(lst)
```

程序运行结果如下：

```
['a','Andrew','from','is','string','test','This']
```

上面的split()函数的作用是将'This is a test string from Andrew'字符串用逗号分隔，构成一个列表，并将列表内容按顺序排序。

5.1.7 常用函数

在Python中，设有长度（len）、最小值（min）和最大值（max）内置函数，利用这些内置函数可以分别获得指定序列中所包含的元素的数量、序列中的最小元素和序列中的最大元素。例如：

```
>>> data=[2,3,4,5,7,7,8,9,10]
>>> len(data)
9
>>> min(data)
2
>>> max(data)
10
>>> min(4,3,5)          #函数的参数不一定是序列，也可以是多个数字
3
```

5.2 列　　表

列表是Python中的一种可变序列、是最常用的数据类型。可用于存储相同类型的数据，但也可存储不同类型的数据。列表可以由一个方括号内的逗号和分隔值组成，例如:[1,2,3,4,5,6]、['a','b','c','d','e']、[1,2,3,'a','b','c']都是列表。

5.2.1 列表的创建与删除

上节中介绍的所有序列操作都适用于列表，下面仅介绍在列表中使用的一些特殊操作方法。

1. 创建列表

① 通过赋值语句创建列表。

```
>>> list1=['Hello','World',2010,2020]
>>> list2=[1,2,3,4,5,6]
>>> list3=['a','b','c','d']
>>> list1
['Hello','World',2010,2020]
>>> list2
[1,2,3,4,5,6]
>>> list3
['a','b','c','d']
```

② 使用列表推导式创建列表，其语法格式如下：

```
[x for x in iterable]
```

其中，iterable表示可迭代的对象，这个对象可以是序列、可迭代的对象。如果iterable已经是一个列表，那么将复制一份并返回，类似于进行iterable[:]操作。例如：

```
>>> lie_01=[1,2,3,4,]
>>> lie_02=[x*2 for x in lie]
>>> lie_02
[2,4,6,8]
```

2. 删除列表

可以使用del语句删除整个列表。例如：

```
"删除lie_01列表
>>> del lie_01
```

5.2.2 列表的基本操作

1. 列表元素赋值

赋值语句直接改变列表内容。例如：

```
>>> list21=[1,2,3,4,5,6]
>>> list1[3]=11
```

```
>>> list1
[1,2,3,11,5,6]
```

也可以对列表中某个元素赋予不同类型的新值。例如：

```
>>> list1[2]= 'hello'
>>> list1
['computer', 'network','hello',2019]
>>> type(list1)             #type()函数是检测数据类型函数
<class'list'>               #表明检测list1的结果是列表
>>> type(list1[3])
<class'int'>                #表明检测list1[3]的内容是整型
>>> type(list1[2])
<class'str'>                #表明检测list1[2]的内容是字符串型
```

2. 增加列表的元素

从元素赋值的例子中可以看出，不能为一个不存在的位置赋值，一旦初始化了一个列表，就不能够直接再向该列表中增加元素。如果一定需要向该列表中增加元素，可以使用append()方法在列表末尾添加新对象，其格式为：

```
list.append(obj)
```

其中，list表示列表，obj表示需要添加到list列表末尾的对象。

例如：利用append()方法向列表末尾添加新对象。

```
>>> list2=[1,2,3,4,5,6]
>>> list2.append('hello')
>>> list2
[1,2,3,4,5,6,'hello']
>>> list3=['a','b','c','d']
>>> list3.append(6)
>>> list3
['a','b','c','d',6]
```

3. 访问列表中的元素

可以使用索引访问列表中的元素，也可以截取部分元素。例如：

```
>>> list1=['computer','network',2009,2019]
>>> list1[0]
computer
>>> list2=[1,2,3,4,5,6,7]
>>> list2[1:5]
[2,3,4,5]
```

4. 删除列表中的元素

可以使用del语句删除列表中的元素。例如：

```
>>> list5=['physics', 'chemistry',1997,2010]
>>> list5
```

```
['physics', 'chemistry',1997,2017]
>>> del list5[2]
>>> list5
['physics', 'chemistry',2017]
```

5. 切片赋值

应用切片赋值可以直接改变列表。例如：

```
>>> show=list('hi,boy')
>>> show
['h','i','b','o','y']
>>> show[2:]=list('man')
>>> show
['h','i', 'm','a','n']
```

在上例中，使用了list()函数，它可以直接将字符串转换为列表，不仅适用于字符串，而且也适用于所有其他类型的序列。利用列表的分片赋值，还可以在不替换任何原有元素的情况下，在任意位置插入新元素。例如：

```
field=list('ae')
>>> field
['a','e']
>>> field[1:1]=list('bcd')
>>> field
['a','b','c','d','e']
```

6. 嵌套列表

在列表中可以嵌套列表，被嵌套的列表取出之后，还是列表。例如，列表mix嵌套了列表show和列表list2。

```
>>> show=['h','i', 'm','a','n']
>>> show
['h','i', 'm','a','n']
>>> list2=[1,2,3,4,5,6,7]
>>> list2
[1,2,3,4,5,6,7]
>>> mix=[show,list2]
>>> mix
[['h','i', 'm','a','n'],[1,2,3,4,5,6,7]]
>>> mix[0]
['h','i', 'm','a','n']
>>> mix[1]
[1,2,3,4,5,6,7]
```

7. 列表操作符

常用的列表操作符有比较操作符、逻辑操作符、连接操作符、重复操作符、成员关系操作符和循环迭代操作符等。

（1）比较操作符

比较操作符主要有：>、<、==，当列表间做比较时，默认是从第一个元素开始比较，一旦有一个元素大了，则这个列表比另一个列表大，两个列表作比较时，如果比较到两个数据类型不一致时，程序会报错，抛出异常。例如：

```
>>> list1 = [1, 2, 3]
>>> list2 = [1, 2, 2]
>>> list1 > list2
True
>>> list3 = ['00', 2, 3]
>>> list1 > list3
Traceback (most recent call last):
  File "<stdin>", line 1, in <module>
TypeError: '>' not supported between instances of 'int' and 'str'
```

说明list1[0]和list3[0]类型不一致。

```
>>> list4 = [1, 1, '00']
>>> list1 > list4
True
```

（2）逻辑操作符

逻辑操作符主要有and、or、not等。例如：

```
>>> list1<list2 and list1==list2
False
>>> (list1<list2) and (list1==list2)
False
```

（3）连接操作符

连接操作符又称“+”操作符，“+”操作符主要用于组合列表。例如：

```
>>> [1,2,3]+[4,5,6]
[1,2,3,4,5,6]
```

（4）重复操作符

重复操作符又称“*”操作符，用于重复列表。例如：

```
>>> ['Hi!']*5
['Hi!', 'Hi!', 'Hi!','Hi!','Hi!']
```

（5）成员操作符

列表的成员关系操作符格式是in 和 not in。利用成员关系操作符可以判断某个元素在不在该列表中，如果在，则返回True；否则，返回False。

可以使用x in list检测元素x是否在列表list中。例如：

```
>>> 3 in [1,2,3]
True
```

又例如：

```
>>> list1 = ['xiaowang','student']
>>> 'xiaowang' in list1
True
>>> 'you' not in list1
True
>>> list2 = ['xiaowang', 'xiaoli',[123,456,789],'i']
>>> 123 in list2
False
>>> 123 in list2[2]
True
>>> 789 == list2[2][2]
True
```

（6）循环迭代操作符

for x in list是循环迭代操作符，完成循环迭代的功能。例如，将列表中存有的x值输出。

```
>>> for x in [1,2,3]:print(x)
123
>>> for x in [4,5,6]:print(x)
456
```

5.2.3 列表的函数与方法

1.列表的内置函数

Python列表的常用内置函数见表5-1。

表5-1 列表的常用内置函数

序 号	函 数
1	cmp(list1,list2) 比较两个列表的元素
2	len(list) 列表元素个数
3	max(list) 返回列表元素的最大值
4	min(list) 返回列表元素的最小值
5	list(turp) 将元组转换为列表

2.列表的常用方法

Python列表的常用方法及其描述见表5-2。

表5-2 列表的常用方法及其描述

序 号	方 法	描 述
1	list.append(obj)	在列表末尾添加新的对象
2	list.count(obj)	统计某个元素在列表中出现的次数
3	list.extend(seq)	在列表末尾一次性追加另一个序列中的多个值

续表

序　号	方　法	描　述
4	list.index(obj)	从列表中找出某个值第一个匹配项的索引位置
5	list.insert(index,obj)	将对象插入列表
6	list.pop(obj=list[-1])	移除列表中的一个元素（默认最后一个元素），并且返回该元素的值
7	list.remove(obj)	移除列表中某个值的第一个匹配项
8	list.reverse()	反向列表中的元素
9	list.sort([func])	对原列表进行排序

方法是与对象密切关联的函数，对象可以是列表、数字、字符串或其他类型的对象，方法的调用语法格式如下：

```
对象.方法(参数)
```

（1）append方法

利用append方法可以在列表末尾追加的新对象，其格式为：

```
list.append(obj)
```

其中，list表示列表，obj表示追加新的对象。例如，向列表animals中追加'Ox'和向列表animals中追加fish列表的程序及运行结果如下。

```
>>> animals=['Dog','Cat','Monkey','Chook','Snake']
>>> animals.append('Ox')        #向animals列表中追加元素'Ox'
>>> print(animals)
['Dog','Cat','Monkey','Chook','Snake','Ox']
>>> fish=['freshwater_fish','saltwater_fish']
>>> animals.append(fish)        #将fish列表追加到animals列表后
>>> print(animals)
['Dog','Cat','Monkey','Chook','Snake','Ox','freshwater_fish','saltwater_fish']
```

（2）count方法

利用count方法可以统计某个元素在列表中出现的次数。例如：

```
>>> animals2=['Dog','Cat','Monkey','Chook','Snake','Dog']
>>> animals2.count('Dog')
2
>>> animals2.count('Cat')
1
>>> animals2.count('fish')
0
>>> cat='Cat'
>>> animals2.count(cat)
1
```

（3）extend方法

利用extend方法可以将一个列表追加到另一个列表后面，组成一个新的列表，其格式为：

```
list.extend(new_list)
```

例如：将fish列表追加到animals列表后，组成一个新的列表。程序如下：

```
>>> animals=['Dog','Cat','Monkey','Chook','Snake']
>>> fish=['freshwater_fish', 'saltwater_fish']
>>> animals.extend(fish)
>>> animals
 ['Dog','Cat','Monkey','Chook','Snake',[ 'freshwater_fish', 'saltwater_fish']]
```

（4）index方法

应用index方法可以获取列表中某元素的下标，其格式为：

```
list.index(elem)
elem=self,value,[start,[stop]]
```

即

```
list.index(self,value,[start,[stop]])
```

其中：value为获取下标的元素，start为开始查询的下标，stop为终止查询的下标。例如：

```
>>> a=['x','y',1,'x',2,'x']
>>> a.index('x')
0
>>> a.index('x',1)
3
>>> a.index('x',4)
5
```

（5）inset方法

inset方法是插入方法，主要功能是在指定位置插入指定的元素，其格式为：

```
list.inset(i,elem)
```

其中，i代表位置，elem代表元素。list.inset(i,elem)的功能是对列表list的i位置插入elem元素。

```
>>> animals=['Dog','Cat','Monkey','Chook','Snake']
>>> animals.insert(3,'Horse')
>>> print(animals)
['Dog','Cat','Monkey','Horse','Chook','Snake']
>>> fish=['freshwater_fish', 'saltwater_fish']
>>> animals.insert(-4,fish)
>>> print(animals)
['Dog', 'Cat', 'Monkey', 'Horse', 'fish','Chook', 'Snake']
```

（6）删除方法

前面已介绍了利用del语句删除列表中的元素和删除整个列表。下面介绍利用remove方法

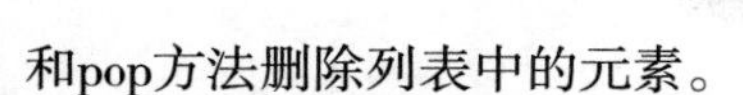

和pop方法删除列表中的元素。

① remove方法。可以使用remove方法删除列表中指定的elem元素。例如：

```
>>> animals.remove('Chook')        #删除animals列表中的'Chook'元素
>>>animals
['Dog','Cat','Monkey','Horse', 'Snake']
```

② pop方法。可以使用pop方法删除list列表中的最后一个元素。例如：

```
>>> animals.pop()        #删除animals列表中的最后一个元素'Snake'
>>> animals
>>> ['Dog','Cat','Monkey','Horse']
```

（7）reverse方法

应用reverse方法可以完成列表的翻转，其格式为：

```
list.reverse()
```

例如：将列表a翻转。

```
>>> a=['x', 'y',1,2]
>>> a.reverse()
>>> a
[2,1,'y','x']
```

（8）排序方法

使用sort方法可以完成对列表的排序，其格式为：

```
list.sort
```

① 数字。

• 列表中全为数字的情况，默认从小到大排列。

```
>>> aa=[234,23,2,123]
>>> aa.sort()
>>> aa
[2,23,123,234]
>>> aa=[234,23,2,123]
>>> aa.sort(reverse=True)
>>> aa
[234,123,23,2]
```

• 数字不能使用len函数，如果使用len函数，则出错。

```
aa=[234,23,2,123]
>>> aa.sort(key=len)
Traceback(mostrecentcalllast):
    File"<pyshell#8>",line1,in<module>
aa.sort(key=len)
TypeError:objectoftype' int' hasnolen()
```

② 字符串。

• 列表中全为字符串的情况，默认按ASCII码表先后顺序排列。

```
>>> a=['x11', 'abc323', 'e26', '112ddd']
>>> a.sort()
>>> a
['112ddd', 'abc323', 'e26', 'x11']
```

• 默认第一原则按字符串从短到长排序，再按第二原则ASCII码表先后顺序排序。

```
>>> a.sort(key=len)
>>> a
['e26','x11','112ddd','abc323']
>>> a.sort(key=len,reverse=True)
>>> a
['112ddd','abc323','e26','x11']
```

• 不允许不同数据类型进行排序。

```
>>>a=['x', 'y',1,2]
>>>a.sort()
```

抛出异常：

```
Traceback(mostrecentcalllast):
    File"<pyshell#59>",line1,in<module>
    a.sort()
TypeError:unorderabletypes:str()<int()
```

5.2.4 列表遍历与排序

下面介绍列表遍历与排序的常用方法。

1. 列表遍历

（1）for --in- 遍历

```
>>> app_list = [1,2,3]
>>> for app_id in app_list:
   print(app_id)
1
2
3
```

（2）enumerate()遍历

```
>>> app_list = [1,2,3]
>>> for index,app_id in enumerate(app_list):
    print(index,app_id)
0 1
1 2
2 3
```

（3）range()或xrange()遍历

```
>>> app_list = [1,2,3]
>>> for i in range(len(app_list)):
print(i,app_list[i])
0 1
1 2
2 3
```

（4）iter()遍历

```
>>> app_list = [1,2,3]
>>> for app_id in iter(app_list):
   print(app_id)
1
2
3
```

2. 列表排序

列表排序有三种方法：reverse反转/倒序排序、sort正序排序、sorted排序，其中sorted排序可以获取排序后的列表。在更高级列表排序中，后两种方法还可以加入条件参数进行排序。

（1）reverse方法

利用reverse()方法可将列表中元素反转排序，列表反转排序是将原列表中的元素顺序从左至右重新存放，而不对列表中的参数进行排序整理。例如：

```
>>> app_list = [1,2,3]
>>> app_list.reverse()
>>> print(app_list)
[3, 2, 1]
```

（2）sort方法

sort方法对列表内容进行正向排序，排序后的新列表会覆盖原列表，也就是说，sort()是直接修改原列表的排序方法。

```
>>> app_list = [4,3,2,1]
>>> app_list.sort()
>>> print(app_list)
[1, 2, 3, 4]
```

（3）sorted方法

如果需要一个排序好的列表，而又需要保存原有未排序列表，可以使用sorted方法实现。例如：

```
>>> app_list = [4,3,2,1]
>>> print(sorted(app_list))
[1, 2, 3, 4]
>>> print(app_list)
[4, 3, 2, 1]
```

（4）三种方法的比较

① sort()是可变对象（字典、列表）的方法，无参数，无返回值，sort()改变可变对象，因此无须返回值。sort()方法是可变对象独有的方法或者属性，而作为不可变对象（如元组、字符串）是不具有这些方法的，如果调用将会返回一个异常。

② sorted()是Python的内置函数，并不是可变对象（列表、字典）的特有方法，sorted()函数需要一个参数（如列表、字典、元组、字符串），无论传递什么参数，都将返回一个以列表为容器的返回值，如果是字典将返回键的列表。

③ reverse()与sort的使用方式一样，而reversed()与sorted()的使用方式相同，通过序列的切片也可以达到逆转的效果。

【例5-1】对所有元素都是字符串的列表进行与大小写无关的排序。

```
#example5.1
list['This','is','a','Boy','!']
l=[i.lower() for i in list]
l1=l[:]
l.sort()                                #对原列表进行排序，无返回值
print(l)
print(sorted(l1))                       #有返回值，原列表没有变化
print(l1)
a=[5,2,1,9,6]
>>> sorted(a)                           #将a从小到大排序，不影响a本身结构
[1,2,5,6,9]
>>> sorted(a,reverse=True)              #将a从大到小排序，不影响a本身结构
[9,6,5,2,1]
>>> a.sort()                            #将a从小到大排序，影响a本身结构
>>> a
[1,2,5,6,9]
>>> a.sort(reverse = True)              #将a从大到小排序，影响a本身结构
>>> a
[9,6,5,2,1]
```

虽然a.sort() 已改变其结构，但b = a.sort() 是错误的写法。

```
>>> b=['aa','BB','bb','zz','CC']
>>> sorted(b)
['BB', 'CC', 'aa', 'bb', 'zz']          #按列表中元素每个字母的ascii码值从小到大排序
>>> c=['CCC', 'bb', 'ffff', 'z']
>>> sorted(c,key=len)                   #按列表元素的长度排序
['z', 'bb', 'CCC', 'ffff']
>>> d=['CCC', 'bb', 'ffff', 'z']
>>> sorted(d,key=str.lower)       #将列表中元素变为小写，再按ASCII码值从小到大排序
['bb', 'CCC', 'ffff', 'z']
>>> def lastchar(s):
        return s[-1]
```

```
>>> e = ['abc', 'b', 'AAz', 'ef']
>>> sorted(e,key = lastchar)    #自定义函数排序，lastchar为函数名，该函数返回列表e中每个元素的最后一个字母
['b', 'abc', 'ef', 'AAz']    #sorted(e,key=lastchar)的作用就是按列表e中每个元素最后一个字母的ASCII码值从小到大排序
>>> f = [{'name': 'abc', 'age':20},{'name': 'def', 'age':30},{'name': 'ghi', 'age':25}]    #列表中的元素为字典
>>> def age(s):
        return s['age']
>>> ff = sorted(f,key = age)    #自定义函数按列表f中字典的age从小到大排序
[{'age': 20, 'name': 'abc'}, {'age': 25, 'name': 'ghi'}, {'age': 30, 'name': 'def'}]
>>> f2 = sorted(f,key = lambda x:x['age'])    #可以用lambda的形式定义函数
```

5.2.5 案例解析

【例5-2】购物车程序。

购物车程序的主要功能是：通过一个循环程序，不断地询问用户需要买什么，用户选择一个商品编号，就把对应的商品添加到购物车中，最后，用户输入q退出并打印购物车中的商品列表。购物车程序如下：

```
#example5.2
products = [['A',5000],['B',3000],['C',2500]]
shopping_car = []
flag = True
while flag:
    print("————商品列表————")
    for index,i in enumerate(products):
        print("%s.  %s|  %s" %(index,i[0],i[1]))
    choice = input("输入需要购买的商品的编号：")
    if choice.isdigit():          #isdigit()函数判断变量是什么类型
        choice = int(choice)
        if choice>=0 and choice<len(products):
            shopping_car.append(products[choice])
            print("已将%s加入购物车" %(products[choice]))
        else:
            print("该商品不存在")
    elif choice == "q":
        if len(shopping_car)>0:
            print("打算购买以下商品：")
            for index,i in enumerate(shopping_car):
                print("%s. %s|  %s" %(index,i[0],i[1]))
        else:
            print("在购物车中没有添加商品")
```

```
        flag = False
```

【例5-3】算术能力测试程序。

算术能力测试程序用于帮助小学生进行百以内的算术练习，主要功能如下：

① 提供10道加、减、乘或除四种基本算术运算的题目。

② 练习者根据显示的题目输入自己的答案，程序自动判断输入的答案是否正确。

③ 显示出相应的判断信息。

算术能力测试程序如下：

```
#example5.3
import random
count = 0                             #定义记录总的答题数目
right = 0                             #定义回答正确的数目
while count <= 10:                    #提供10道题目
    op = ['+', '-', '*', '/']         #创建列表，用来记录加减乘除的运算符
    s = random.choice(op)             #随机生成op列表中的字符
    a = random.randint(0,100)         #随机生成0～100以内的数字
    b = random.randint(1,100)         #除数不能为0
    print('%d %s %d = ' %(a,s,b))
    question = input('输入答案:(q退出)')    #默认输入的为字符串类型
    if s == '+':                      #判断随机生成的运算符，并计算正确结果
        result = a + b
    elif s == '-':
        result = a - b
    elif s == '*':
        result = a * b
    else:
        result = a / b

    if question == str(result):   #判断用户输入的结果是否正确
        print('回答正确')
        right += 1
        count += 1
    elif question == 'q':
         break
    else:
        print('回答错误')
        count+=1
# 计算正确率
if count == 0:
    percent = 0
else:
    percent = right / count
```

```
print('总计回答%d道题，正确数为%d，正确率为%.2f%%' %(count,right,percent*100)
```

程序运行结果如下：

```
29+88=
输入答案:(q退出)96
回答错误
67+32
输入答案:(q退出)99
20+90=
输入答案:(q退出)110
回答正确
73+68=
输入答案:(q退出)q
总计回答3道题，正确数为2，正确率为33.33%
```

5.3　元　　组

元组与列表类似，主要的不同点是元组的元素不可变，当创建元组之后，不可以修改、添加、删除其中的元素，但是可以访问元组中的元素。元组能做一个字典的key。当处理一组对象时，这个组默认是元组类型。

元组由圆括号内的逗号和分隔值组成，例如由n个元素组成的tup元组为：

$$tup=(x_1, x_2, \cdots, x_n)$$

元组中的数据元素可以是基本数据类型，也可以是组合数据类型或者自定义数据类型。

5.3.1　元组的创建与删除

1. 创建元组

创建元组的方法有多种，下面介绍几种创建元组的常用方法。

（1）使用赋值语句创建元组

可以通过赋值语句创建元组，例如创建元组tup1、元组tup2、元组tup3、元组tup4、元组tup5和元组tup6。程序如下：

```
tup1=('computer', 'software',2008,2018)
tup2=(1,2,3,4,5)
tup3=("a", "base", "c++","d")
tup4=()
tup5=(100,)
tup6=(1234, 'string',[ 'name', 'five'],( 'xiaoli', 'man'),7-6j))
```

在上述程序中：

① tup4=()为空元组。

② 元组中只包含一个元素时，需要在元素后面添加逗号，例如tup5=(100,)。

③ 元组与序列类似，下标索引从0开始，可以进行截取与组合等。

例如：

```
>>> tup6=(1234, 'string',[ 'name', 'five'],( 'xiaoli', 'man'),7-6j))
>>> type(tup6)
<type 'tuple'>    #元组类型
>>> print(tup6)
(1234, 'string',[ 'name', 'five'],( 'xiaoli', 'man'),7-6j))
```

（2）创建单元素元组

```
>>> test=(1,)
>>> type(test)
<type 'tuple '>
>>> test
(1,)
>>> test=( 'abc ',)
>>> type(test)
<type 'tuple '>
>>> test
('abc ',)
```

（3）使用元组函数创建元组

① 使用元组函数创建空元组。

```
>>> tup4=tuple()
>>> tup4
()
```

② 将range()函数产生的序列转换为元组。

```
>>>tup7=tuple(range(1,10,2))
>>>tup7
(1,3,5,7,9)
```

③ 将每个字符作为元组中的一个元素。

```
>>> tup8=tuple('Python ')
>>> tup8
('P','y','t','h','o','n')
```

（4）使用圆括号创建元组时，圆括号可以省略

```
>>> tup2=(1,2,3,4,5)
>>> tup2
(1,2,3,4,5)
```

（5）使用推导式生成元组

使用推导式生成元组的语法格式如下：

```
(表达式 for变量 in 序列)
```

根据上述推导式生成的结果是一个生成器对象，而不是元组，可以使用next()函数依次访问其中的元素，也可以使用tuple()函数将其转化为元组。

```
>>> g=(x**2 for x in range(1,10))     #利用推导式产生生成器
>>> g
>>> next(g)                           #使用next()函数访问生成器中的第一个元素
1
>>> next(g)                           #使用next()函数继续向下访问生成器中的元素
4
>>> next(g)
9
>>> tuple1=tuple(g)                   #将生成器中没有访问的元素生成为元组
>>> tuple1
(16,25,36,49,64,81)
```

2. 删除元组

虽然删除一个单独的元组元素是不可能的，但可以使用del语句删除整个元组。例如：

```
>>> tup8=('H','e','l','l','o')
>>> tup8
('H', 'e', 'l', 'l', 'o')
>>> del tup8
>>> tup8
Traceback (most recent call last):
  File "<pyshell#11>", line 1, in <module>
    tup
NameError: name 'tup8' is not defined
```

抛出异常，说明没有找到tup8。

5.3.2 元组的基本操作

与字符串一样，元组之间可以使用+号和*号进行运算。这就表明可以通过组合和复制元组运算后生成一个新的元组。元组和列表类似，但是元组一旦初始化就不能修改。因为元组不可变，所以代码更安全。如果能用元组代替列表，就尽量使用元组。当定义一个元组时，它的元素就已经确定了。

1. 访问元组

（1）索引访问

可以使用下标索引访问元组中的元素。例如：

```
>>> tup1=('computer', 'software',2008,2018)
>>> tup1[0]                 #访问元组tup1中正向索引序号为0的元素
'computer'
>>> tup1
('computer','software',2008,2018)
>>> tup2=(1,2,3,4,5,6,7)
```

```
>>> tup2[1:5]              #访问元组tup2中正向索引序号从1到5的元素
(2,3,4,5)
>>> tup2[-1]               #访问元组tup2中逆向索引序号为-1的元素
7
```

（2）切片访问

元组切片操作的语法格式为：

```
元组名[start[,stop[,step]]]
```

其中，start表示元组切片开始的索引号，stop是终止的索引号，step是索引号变化步长。例如：

```
>>> T_01=('a', 'b', 'c', 'd', 'e', 'f', 'g', 'h')
>>> T_01[:]                #截取所有元素
('a', 'b', 'c', 'd', 'e', 'f', 'g', 'h')
>>> T-01[2:]               #截取从索引2开始到末尾的元素
('c', 'd', 'e', 'f', 'g', 'h')
>>> T-01[2:6]              #取索引2～6之间的所有元素，包括索引2，但不包含索引6
('c', 'd', 'e', 'f')
>>> T_01[2:6:2]            #从索引2～6，每隔一个元素取一个
('c', 'e')
```

也可以逆向截取元组中的一段元素。例如：

```
>>> T_01[-2]               #逆向截取元组中的索引号为-2的元素
('g')
>>> T_01[1:]               #截取从索引1开始到末尾的元素
('b', 'c', 'd', 'e', 'f', 'g', 'h')
```

2. 常用的元组运算

（1）合并元组

利用“+”可以合并两个元组，返回一个新的元组，但原元组不变，其语法格式为：

```
T=T1+T2
```

例如：

```
>>> T1=('a', 'b', 'c')
>>> T2=(1,2,3,4)
>>> T=T1+T2
>>> T
('a', 'b', 'c',1,2,3,4)
>>> T1
('a', 'b', 'c')
>>> T2
(1,2,3,4)
```

虽然元组中的元素值不允许修改，但可以通过连接对元组进行组合，例如，将元组tup1和元组tup2组合成元组tup3，元组tup2和元组tup1组合成元组tup4：

```
>>> tup1=(12,35.78)
>>> tup2=('abc', 'xyz')
>>> tup3=tup1+tup2
>>> tup3
(12,35.78, 'abc', 'xyz')
>>> tup4=tup2+tup1
>>> tup4
('abc', 'xyz', 12,35.78)
```

（2）复制元组

利用“*”可以重复t1元组N次，返回一个新元组，但原元组不变，其语法格式为：

```
T=t1*N
```

例如：

```
>>> t1=('a', 'b',1,2,3)
>>> T=t1*3
>>> T
('a', 'b',1,2,3, 'a', 'b',1,2,3,'a', 'b',1,2,3)
>>> t1
('a', 'b',1,2,3)
```

5.3.3　元组的函数与方法

1. 元组的函数

Python提供了一些元组的内置函数，如计算元素个数、返回最大值、返回最小数和列表到元组的转换等，元组的内置函数及描述见表5-3。

表 5-3　元组的内置函数及描述

序号	函数及描述
1	cmp() 比较两个元组的元素
2	len(tuple) 计算元组元素的个数
3	max(tuple) 返回元组中元素的最大值
4	min(tuple) 返回元组中元素的最小值
5	tuple(seq) 将列表转换为元组

（1）len()函数

len()函数的计算结果是元组的长度。语法格式为：

```
len(s)
```

例如：

```
>>> tup1=('H','e','l','l','o')
>>> len(tup1)
5
```

（2）max()函数

max()函数返回给定参数中的最大值，参数也可以为序列。语法格式为：

```
max()
```

例如：

```
>>> tup1=(1,2,3,4,1)
>>> tup2=('H','e','l','l','o')
>>> max(tup1)
4
>>> max(tup2)
'o'
```

（3）min()函数

min()函数返回给定参数中的最小值，参数可以为序列。语法格式为：

```
min()
```

例如：

```
>>> tup1=(1,2,3,4,1)
>>> tup2=('H','e','l','l','o')
>>> min(tup1)
1
>>> min(tup2)
'H'
```

（4）tuple()函数

tuple() 函数将列表转换为元组。语法格式为：

```
tuple (seq)
```

其中，seq是转换为元组的序列。

例如：

```
>>> tuple([1,2,3,4])
(1,2,3,4)
>>> tuple({1:2,3:4})        #返回字典的key组成的tuple
(1, 3)
>>> tuple((1,2,3,4))        #元组会返回元组自身
(1,2,3,4)
>>> list1=['Hadoop', 'Spark', 'Storm']
>>> tuple1=tuple(list1)
>>> tuple1
('Hadoop', 'Spark', 'Storm')
```

2. 元组的方法

（1）index()方法

index() 方法用于从元组中找出某个对象第一个匹配项的索引位置，如果这个对象不在元组中将抛出异常。语法格式为：

```
T.index(obj[,start=0[,end=len(T)]])
```

其中，T为元组名，obj为指定检索的对象，start为可选参数，开始索引，默认值为0。可单独指定。end为可选参数，结束索引，默认值为元组的长度，不能单独指定。

例如：

```
>>> tup1=('a','b',2,'c','d',2,3)
>>> tup1.index(2)
2
>>> tup1.index(2,3)
5
>>> tup1.index(2,6)
Traceback (most recent call last):
  File "<pyshell#90>", line 1, in <module>
    tup1.index(2,6)
ValueError: tuple.index(x): x not in tuple
```

（2）count()方法

count()方法用于统计元组中某个元素出现的次数。语法格式为：

```
T.count(obj)
```

其中，T表示元组，obj为元组中需要统计的对象，即表示需要统计在元组中的元素。

```
>>> tup1=('a','b',2,'c','d',2,3)
>>> tup1.count(2)
```

3.range()函数

range是不可变序列，该序列的元素是整数，一般用在for循环中。在Python中，range()返回的是一个range类型函数，需要通过list()函数才能将列表中的值输出。也就是说，range() 函数返回的结果是一个整数序列的对象，而不是列表，但可以利用list()函数返回列表。

（1）range()函数的语法格式

```
range([start,] stop[, step])
```

其中，start表示开始值，默认值为0；stop表示结束值，但其值不包括在范围内；step表示步长，默认值为1。如果step为0，则抛出异常。

例如：

```
>>> range(4)
range(0, 4)
>>> for i in range(4):
   print(i)
```

```
0
1
2
3
>>> list(range(4))
[0, 1, 2, 3]
>>> list(range(0))
[]
>>> list(range(0,10,2))
[0, 2, 4, 6, 8]
>>> list(range(0,-10,-2))
[0, -2, -4, -6, -8]
```

（2）range()函数支持通用序列操作

range()函数支持通用序列操作，但连接（+）和重复（*）操作除外。

```
>>> demo_range=range(0,10)
>>> 5 in demo_range
True
>>> demo_range.index(4)
4
Len(demo_range)
10
>>> max(demo_range)
9
>>> min(demo_range)
0
>>> demo_range.count(1)
1
```

（3）range()函数与列表和元组的比较

如果两个对象表示的值序列相同，那么认为它们相等，这时可以使用==和!=对它们进行比较。例如：

```
>>> range(0)==range(1,2,3)
```

range()函数相对于列表与元组，其最大的优势是占用的内存固定，而且很小。因为它仅存储start、stop、step的值，而且在需要时，才计算每个条目的值。例如：

比较两个range所代表的序列：

```
>>> range(0)==range(2,1,3)
True
>>> range(0,3,2)==range(0,4,2)
True
```

比较两个列表：

```
>>> list1=[1,2,3]
```

```
>>> list2=[3,2,1]
>>> list1==list2
Flase
```

比较两个元组：

```
>>> tuple6=('a','b','c')
>>> tuple7=('b','c','a')
>>> tuple6== tuple7
Flase
```

5.3.4　元组遍历

元组遍历就是从头到尾依次从元组中获取数据。

1. for in

```
frint_tuple = ("xiaoli", "xiaozhang","xiaowang","xiaochen","xiaoliu")
for everyOne in frint _tuple:
    print(everyOne)
```

输出结果：

```
xiaoli
xiaozhang
xiaowang
xiaochen
xiaoliu
```

2. enumerate()函数

enumerate()函数是Python中的内置函数，其语法格式为：

```
enumerate(X, [start=0])
```

函数中的参数X可以是一个迭代器（iterator）或者是一个序列，start是起始计数值，默认值为0。X可以是一个字典，也可以是一个序列。例如：

```
frint_tuple = ("xiaoli", "xiaozhang","xiaowang","xiaochen","xiaoliu")
for index, everyOne in enumerate(frint _tuple):
   print(everyOne)
```

输出结果：

```
0  xiaoli
1  xiaozhang
2  xiaowang
3  xiaochen
4  xiaoli
```

5.3.5 元组与列表的转换

由于定义元组与定义列表的方式相同，元组除了整个元素集是用圆括号包围的，而不是方括号不同之外，元组的元素与列表的元素一样按定义的次序进行排序。元组的索引与列表一样从0开始，所以一个非空元组的第一个元素总是t[0]。负数索引与列表一样从元组的尾部开始计数。与列表一样分片，当分割一个列表时，可得到一个新的列表；当分割一个元组时，将得到一个新的元组。

1. 元组与列表的比较

列表与元组都是容器，是一系列对象。二者不仅可以包含任意类型的元素，甚至可以是一个序列。

① 元组不允许增删改。

- 元组创建方式与列表创建相似。

```
tup1=('physics', 'chemistry',2008,2018);
tup2=(1,2,3,4,5);
```

- 元组访问与列表一样，如tup1[1:5]。
- 元组不可以修改，只可增加新的部分，如tup3=tup1+tup2。

② 格式上元组使用圆括号()，列表使用方括号{}。

③ 任意无符号的对象，以逗号隔开，可以默认为元组。

④ 列表可变，而元组不可变。

列表和元组的结构区别是：列表是可变的，而元组是不可变的。列表可通过append()方法添加更多的元素，而元组却没有该方法。

⑤ 元组具有count()与index()两个方法。

- count()：查找元素在tuple中出现的次数。
- index()：从元组中找出某个对象第一个匹配项的索引位置。

⑥ 元组的元素不能增加和删除。

不能够向元组添加元素（即元组没有append()或extend()方法）；不能从元组删除元素（即元组没有remove()或pop()方法）。

2.元组的优势与转换

（1）元组的优势

① 元组比列表更节省空间，但重复分配列表使得添加元素更快。这体现了Python的实用性。如果实际上根据程序来计算，数据长度并不固定，那么用列表更好。如果在写代码时知道第三个元素的含义，那么用元组更好。

函数式编程强调使用不可变的数据结构来避免产生使代码变得更难解读的副作用。如果喜欢使用函数式编程，那么基于不可变性考虑，首选元组。

元组比列表操作速度快。如果定义了一个值的常量集，并且唯一要用它做的是不断地遍历它，可以使用元组代替列表。

② 元组比列表更安全。如果对不需要修改的数据进行写保护，那么元组可使代码更加安全。如果必须要改变这些值，则需要执行元组到列表的转换。

列表与元组之间的互相转换需要使用两个内置函数tuple()和list()。利用list()函数可以将元组转换成列表，反之，利用tuple()函数可以将列表转换成元组。

（2）元组与列表之间的转换

例如：

```
>>> list1=[1,2,3]
>>> t=tuple(list1)                #列表转换成元组
>>> print(t,type(t))
(1, 2, 3) <class 'tuple'>
>>> t=('a','b','c')
>>> l=list(t)                     #元组转换成列表
>>> print(l,type(l))
['a', 'b', 'c'] <class 'list'>
```

5.3.6 案例解析

【例5-4】数字/英文数字的转换。

程序的主要功能：输入一个数字，将其转换成英文数字。例如：

输入：1234567890

输出：one two three four five six seven eight nine zero

```
#example5.4
chinese_number = ("zero ", " one ", " two ", " three ", " four ", " five ",
" six ", " seven ", " eight ", " nine ")
number_00 = input("input:")       #输入224.35
for i in range(len(number_00)):
if "." in numbe_00r[i]:
print("point ", end="")
else:
      print(chinese_number[int(number_00[i])],end="")
```

程序运行结果：

```
input: 224.35
two two four point three five
```

【例5-5】课程名称处理。

程序的主要功能如下：

① 创建一个列表，输入多门专业课的名称。

② 使用tuple()函数将列表转换成元组。

③ 使用下标访问第2门课程和最后一门课程的名称。

④ 使用元组的内置函数len()求出课程门数。

程序如下：

```
#example5.5
#创建一个列表，输入多门专业课的名称
```

```
Temp_str=input("输入课程名称，使用逗号分隔：")
Course_list=temp_str,split("，")
print(cours_list)
#使用tuple()函数将列表转换成元组
course_tuple=tuple(course_list)
print(course_tuple)
#使用下标访问第2门课程和最后一门课程的名称
print("第2门课：",ccourse_tuple[-1],"最后一门课：",course_tuple[-1])
#使用元组的内置函数len()求出课程门数
course_num=len(course_tuple)
print("课程门数：",course_num)
```

程序运行结果如下：

```
输入课程名称，使用逗号分隔：大数据导论，Python程序设计，大数据分析，大数据可视化技术
[大数据导论，Python程序设计，大数据分析，大数据可视化技术]
(大数据导论，Python程序设计，大数据分析，大数据可视化技术)
第2门课：Python程序设计 最后一门课：大数据可视化技术
课程门数：4
```

在本例中输入课程名时输入的分隔符是中文状态下的逗号，因此程序中用于从输入的字符串中分离出每个课程名称的函数split('，')中的参数也要用中文方式下的逗号。否则，因为一个中文字符占2字节，相当于两个英文字符，在分割字符串时会出现错误。

5.4 字　　典

字典是Python中唯一的内置映射类型数据结构，字典包含了若干键/值对元素的无序可变序列，字典中的每个元素包括用冒号分隔开的键和值两部分，保持一种映射与对应关系。字典可以存储任意类型对象，类型对象中的哈希值（键，key）和指向的对象（值，value）的映射是多对一的关系。

5.4.1 字典的创建与删除

在定义字典时，每个元素的键与值之间用冒号分隔，所有元素都放在一对花括号中。

字典中元素的键可以是Python中任意不可变数据，如整数、实数、字符串、元组等类型可哈希数据，但是，不能使用列表、集合、字典或其他可变类型作为字典的键，而且字典中的键不可以重复，但值可以重复。

1. 创建字典

创建字典的常用方式如下：

（1）用{}创建字典

```
>>>dic={}
>>> type(dic)
<class 'dict'>
```

（2）直接赋值创建字典

```
>>> dic={'book':1, 'pencil':2, 'pen':3}
>>> dic
{'book':1, 'pencil':2, 'pen':3}
```

（3）通过内置函数dict创建字典

① 参数为键/值对：

```
>>> dic1=dict(a="1",b="2", ,c="3")
>>> x
{'a': '1','b':'2','c':'3'}
```

② 参数为包含两个值的元组：

```
>>> x=dict((("a", "1"),( "b", "2") , ( "c", "3")))
>>> print(x)
{'a': '1','b':'2','c':'3'}
```

③ 参数为包含两个值的列表：

```
>>> x=dict((["a", "1"],[ "b", "2"] , ["c", "3"]))
>>> print(x)
{'a':'1','b':'2', c':'3'}
```

（4）通过二元组列表创建字典

```
>>> list1=[('book',1),('pencil',2),('pen',3)]
>>> dic=dict(list1)
>>> dic
{'pen':3, 'pencil':2, 'book':1}
```

（5）dict()函数和zip()函数结合创建字典

```
>>> dic=dict(zip('abcd',[1,2,3,4]))
>>> dic
{'a':1,'c':3,'b':2,d:4}
>>> keys=['a', 'b','c','d']
>>> values=[1,2,3,4]
d=dict(zip(keys,values))
>>> d
{'a':1, 'b':2, 'c':3,'d':4}
```

（6）通过字典推导式创建字典

```
>>> dic={i:2*i for i in range(3)}
>>> dic
{'0':0,'1':2,'2':4}
```

（7）通过fromkeys()方法创建字典

可以使用fromkeys() 方法创建一个新字典，以序列seq 中元素做字典的键，value为字典键对应的初始值。语法格式为：

```
fromkeys(seq ,[value)]
```

其中，seq为字典键值列表；value是可选参数；设置键序列（seq）的值，返回值为一个新字典。

```
>>> dic=dict.fromkeys(range(3),'x')
>>> dic
{0:'x',1:'x',2:'x'}
>>> dict.fromkeys(('a', 'b'),1)
>>> print(x)
{'a':1,'b':1}
```

2. 删除字典

可以用del命令删除一个字典。例如，使用del命令删除dict_04字典。

```
>>> dict_04={'Name': 'Xiaoli','Age':6,'Class':'First'}
>>> del dict_04
>>> print("dict_04['Age']: ",dict_04['Age'])
```

因为使用del命令后字典已被删除，给出出错提示。

```
Traceback(most recent call last):
File"test.py",line8,in<module>
print"dict_04['Age']: ",dict_04['Age'];
TypeError: 'type'objectisunsubscript able
```

3. 字典的语法格式与特点

（1）字典的语法格式

用d表示字典，key1，key2，…，keyn为键，value1为存储在key1中的值，value2为存储在key2中的值，…，valuen为存储在keyn中的值。字典的语法格式如下：

```
d={key1:value1,key2:value2,…,keyn:valuen}
```

字典由多个键及其对应的值构成的键/值对组成（将键/值对称为项），使用冒号“:”分隔字典的键值（key/value）对的键与值，各个键/值对之间用逗号“,”分隔，整个字典包括在花括号“{}”中。空字典由一对大括号组成，如{}。

（2）键的特性

字典值可以为无限制的任何Python对象，既可以是标准的对象，也可以是用户定义的对象。字典的键具有下述几个重要特点。

① 在一个字典中，如果同一个键出现多次，即如果创建时同一个键被赋值多次，仅以最后面一个值为准。例如，字典dic_02中的'Name'键被赋值两次，第1次赋值xiaozhang，第2次赋值xiaowang，那么'Name'键的值为xiaowang。

```
>>> dic_02={'Name':'xiaoli','Age':18,'Name':'xiaozhang'}
>>> dic_02={'Name':'xiaoli','Age':18,'Name':'xiaowang'}
>>> print ("dic_02'Name': ",dic_02['Name'])
dic_02'Name':xiaowang
```

② 键可以是数字、字符串或元组，但既不可改变、又不可以使用列表。如果使用列表作为键，将抛出异常信息。

```
>>> dic_02={['Name']: 'Xiaoli', 'Age':18}
>>> dic_02
```

由于使用了列表作为键，则抛出类型（TypeErro）错误异常信息。

③ 字典是无序的，每次执行打印，顺序都可能发生变化。

```
d_03 ={'li ': '2341', 9102:'zhao',(11,22): '3258'}
print(d_03)
```

可能的结果：

```
{'li':'2341',9102: 'zhao',(11, 22):'3258'}或
{(11, 22): '3258','li': '2341',9102:'zhao'}或
{9102: 'zhao', 'li': '2341',(11, 22): '3258'}或
```

④ 根据键或值取出对应的键或值。

- 返回关键字对应的值。

```
v = d[key]
```

例如：

```
v = d["k1"]     #取出k1对应的value
```

- 因为字典无序，所以通过切片方式获取键/值对。

for循环取key。循环所有的key写成

```
for item in d_04.keys():
>>> d_04 = {'Year':2018,'Month':3,'Day':18}
>>> for item in d_04.keys():
        print(item)
Year
Month
Day
```

- for循环取value。

```
>>> for item in d_04.values():
        print(item)
2018
3
18
```

- 循环所有key和value。

```
>>>for k,v in d_04.items():      # 用items方法 k接收key ,v接收value
       print(k,v)
Year 2018
Month 3
```

```
Day 18
```

4. 字典类型与序列类型的比较

① 存取和访问数据的方式不同。

② 序列类型只用数字类型的键，从序列的开始按数值顺序索引。

③ 映射类型可以用其他对象类型作为键，如数字、字符串、元组等，一般选用字符串作为键。

④ 与序列类型的键不同，映射类型的键直接或间接地和存储数据值相关联。

⑤ 映射类型中的数据是无序排列的。这与序列类型不同，序列类型是以数值顺序排列。

⑥ 映射类型用键映射到值。

5.4.2 字典的基本操作

字典的基本操作主要有字典访问、字典修改、删除字典元素。

1. 字典访问

字典访问的方法是首先将需要访问的键放到方括弧内，然后就可以实现该键的值的访问，例如：

```
>>> dict_1={'Name':'Sunerwa','Age':12,'Class':'First'}
>>> print("dict_1 ['Name']:",dict_1['Name'])
dict_1['Name']: Sunerwa
>>> print("dict_1['Age']:",dict_1['Age'])
dict_04['Age']: 12
```

2. 字典修改

字典修改的方法是增加新的键/值对、修改或删除已有键/值对。

（1）修改已有键/值对

```
>>> dict_1['Age']=16
>>> print("dict_1['Age']:",dict_1['Age'])
dict_1['Age']: 16
>>> dict_1['School']= "AnshandaoSchool"
>>> print(dict_1)
{'Name': 'Sunerwa', 'Age': 16, 'Class': 'First', 'School': 'AnshandaoSchool'}
```

（2）增加新的键/值对

```
>>> dict_1['School']= "AnshandaoSchool"
>>> print(dict_1)
{'Name': 'Sunerwa', 'Age': 16, 'Class': 'First', 'School': 'AnshandaoSchool'}
```

（3）删除已有键/值对('Name':'Xiaoli')

```
>>> del dict_1['School']
>>> print(dict_1)
{'Name': 'Sunerwa', 'Age': 16, 'Class': 'First'}
```

3. 清空字典

清空词典所有条目：

```
>>> dict_1.clear()
>>> print(dict_1)
{}
```

5.4.3 字典的函数与方法

在这里介绍Python3中内置的字典函数与方法。

1. 字典的函数

（1）len()函数

len()函数返回字典中元素的个数，即字典dict的总长度，是键的总数。语法格式为：

```
len(dict)
```

例如：

```
>>> dict_1={'Name':'Sunerwa','Age':12,'Class':'First'}
>>> len(dict_1)
3
```

（2）type()函数

type()函数返回输入的变量类型，如果变量是字典就返回字典类型，即dict。语法格式为：

```
type(变量)
```

例如：

```
>>> type(dict_1)
<class 'dict'>
```

（3）str()函数

str()函数是以可打印的字符串表示输出字典。语法格式为：

```
str(字典名)
```

例如：

```
>>> str(dict_1)
"{'Name': 'Sunerwa', 'Age': 12, 'Class': 'First'}"
```

2. 字典的方法

（1）clear()方法

clear()方法可以删除字典内所有元素。语法格式为：

```
字典名.clear()
```

例如：

```
>>> dict_1.clear()
>>> print(dict_1)
{}
```

（2）copy()方法

copy()方法可以返回一个字典的副本，即返回一个具有相同键/值对的新字典。如果原字典改变，但副本不会改变。语法格式为：

```
字典名.copy()
```

例如：

```
>>> dict_1 = {'Name':'Sunerwa','Age':12,'Class':'First'}
>>> dict_2 = dict_1.copy()
>>> dict_2
{'Name': 'Sunerwa', 'Age': 12, 'Class': 'First'}
>>> dict_1['School']= "AnshandaoSchool"
>>> dict_1
{'Name': 'Sunerwa', 'Age': 12, 'Class': 'First', 'School': 'AnshandaoSchool'}
>>> dict_2
{'Name': 'Sunerwa', 'Age': 12, 'Class': 'First'}
```

（3）get()方法

get()方法可以返回指定键的值。语法格式为：

```
字典名.get(key,default=None)
```

如果key不在字典中，则返回None。例如：

```
>>> print(dict_1.get('School'))
AnshandaoSchool
>>> print(dict_2.get('School'))
None
```

（4）items()方法

items()方法以列表返回可遍历的(键,值)元组数组。语法格式为：

```
字典名.items()
```

例如：

```
>>> dict_1.items()
dict_items([('Name', 'Sunerwa'), ('Age', 12), ('Class', 'First'), ('School', 
'AnshandaoSchool')])
```

判断两个字典中的元素是否相同，个数是否相等。

```
dict_1={'Name':'Sunerwa','Age':12,'Class':'First'}
dict_2={'Name':'Sunerwa','Age':12,'Class':'First','School':'AnshandaoSchool'}
if dict_1.items()==dict_2.items():
    print("dict_1与dict_2元素相同")
else:
    print("dict_1与dict_2元素不相同")
```

（5）keys()方法

keys()方法返回一个字典的所有键值列表，该列表不能直接引用，必须经过list()转化之后方可使用。语法格式为：

```
dict.keys()
```

例如：

```
>>> print("字典dict_1所有的键值为：{}".format(dict_1.keys()))
字典dict_1所有的键值为：dict_keys(['Name', 'Age', 'Class'])
>>> print("转换为列表为：{}".format(list(dict_1.keys())))
转换为列表为：['Name', 'Age', 'Class']
```

（6）setdefault()方法

setdefault()方法的主要功能是：如果给定的键在字典中，则返回该值；如果不在字典中，就将键插入字典中，并将其值设置为指定的default参数，default的默认值为None。语法格式为：

```
字典名.setdefault(key,default=None)
```

例如：

```
>>> dict_2={'Name':'Sunerwa','Age':12,'Class':'First'}
>>> dict_2
{'Name': 'Sunerwa', 'Age': 12, 'Class': 'First'}
>>> dict_2.setdefault('Name','Sunerwa')
'Sunerwa'
>>> dict_2
{'Name': 'Sunerwa', 'Age': 12, 'Class': 'First'}
>>> dict_2.setdefault('School': 'AnshandaoSchool')
SyntaxError: invalid syntax
>>> dict_2.setdefault('School','AnshandaoSchool')
'AnshandaoSchool'
>>> dict_2
{'Name': 'Sunerwa', 'Age': 12, 'Class': 'First', 'School': 'AnshandaoSchool'}
```

（7）update()方法

update()方法把字典2的键/值对更新到字典1中。语法格式为：

```
字典1.update(字典2)
```

例如：

```
>>> dict_1
{'Name': 'Sunerwa', 'Age': 12, 'Class': 'First'}
>>> dict_2
{'Name': 'Sunerwa', 'Age': 12, 'Class': 'First', 'School': 'AnshandaoSchool'}
>>> dict_1.update(dict_2)
>>> dict_1
'Name': 'Sunerwa', 'Age': 12, 'Class': 'First', 'School': 'AnshandaoSchool'}
```

（8）values()方法

values()方法以列表返回字典中的所有值，这个列表不能直接引用，必须经过list()转化。语法格式为：

```
dict.values()
```

例如：

```
>>> dict_1.values()
dict_values(['Sunerwa', 12, 'First', 'AnshandaoSchool'])
>>> list(dict_1)
['Name', 'Age', 'Class', 'School']
```

（9）pop()方法

pop()方法删除字典给定键所对应的值，返回值为被删除的值。key必须指明，否则，返回default值。语法格式为：

```
字典名.pop(key[,default])
```

例如：

```
>>> dict_1
{'Name': 'Sunerwa', 'Age': 12, 'Class': 'First', 'School': 'AnshandaoSchool'}
>>> dict_1.pop('School')
'AnshandaoSchool'
>>> dict_1
{'Name': 'Sunerwa', 'Age': 12, 'Class': 'First'}
```

（10）popitem()方法

popitem()方法可以随机返回并删除字典中的一对键和值，也就是说，popitem方法弹出的是字典的随机项。语法格式为：

```
字典名.popitem()
```

例如，移出字典中的项程序如下：

```
>>> dict_2
{'Name': 'Sunerwa', 'Age': 12, 'Class': 'First', 'School': 'AnshandaoSchool'}
>>> dict_2.popitem()
('School', 'AnshandaoSchool')
>>> dict_2
{'Name': 'Sunerwa', 'Age': 12, 'Class': 'First'}
>>> dict_2.popitem()
('Class', 'First')
>>> dict_2.popitem()
('Age', 12)
```

5.4.4 字典的遍历与排序

字典的遍历与排序是两种较高级的字典操作方式。

1. 字典的遍历

遍历是指沿着某条搜索路线，依次对每个结点做一次且仅做一次访问。在Python字典中，遍历的几种方式简介如下。

（1）key遍历

key遍历是默认遍历，例如：

```
>>> emp={'name':'Tom','age':20,'salary':8888}
>>> for k in emp.keys():
        print('key = {}'.format(k))
key = name
key = age
key = salary
```

（2）value遍历

例如：

```
for v in emp.values():
   print('value = {}'.format(v))
value = Tom
value = 20
value = 8888
```

（3）key,value遍历

例如：

```
for v,k in emp.items():
   print('{v}:{k}'.format(v=v,k=k))
name:Tom
age:20
salary:8888
```

2. 字典的排序

Python排序可以通过内置函数sorted()实现，同样也可以通过sorted()函数完成字典排序。

（1）按键（key）排序

```
>>> d={2:30,3:10,1:40,4:10}
>>> print(sorted(d))
[1, 2, 3, 4]
>>> for i in sorted(d):
        print((i,d[i]),end="")
(1, 40)(2, 30)(3, 10)(4, 10)
```

（2）按值（value）排序

```
>>> d={2:30,3:10,1:40,4:10}
```

```
>>> print(sorted(d.items(),key=lambda kv:(kv[1],kv[0])))
[(3, 10), (4, 10), (2, 30), (1, 40)]
```

（3）字典列表排序

```
lis = [{ "name" : "Taobao", "age" : 100},{ "name" : "Runoob", "age" :7 },
{ "name" : "Google", "age" : 100 },{ "name" : "Wiki" , "age" :200 }]
# 通过 age 升序排序
print("列表通过 age 升序排序: ")
print(sorted(lis, key = lambda i: i['age']))
print("\r")
# 先按 age 排序，再按 name 排序
print("列表通过 age 和 name 排序: ")
print(sorted(lis, key = lambda i: (i['age'], i['name'])))
print("\r")
# 按 age 降序排序
print("列表通过 age 降序排序: ")
print(sorted(lis, key = lambda i: i['age'],reverse=True))
```

程序运行结果如下：

```
列表通过 age 升序排序:
[{'name': 'Runoob', 'age': 7}, {'name': 'Taobao', 'age': 100}, {'name':'Google',
'age': 100},{'name': 'Wiki', 'age': 200}]
列表通过 age 和 name 排序:
[{'name': 'Runoob', 'age': 7}, {'name': 'Google', 'age': 100}, {'name':'Taobao',
'age': 100}, {'name': 'Wiki', 'age': 200}]
列表通过 age 降序排序:
[{'name': 'Wiki', 'age': 200}, {'name': 'Taobao', 'age': 100}, {'name':'Google',
'age': 100}, {'name': 'Runoob', 'age': 7}]
```

key是排序的索引，对于字典来说，排序的对象始终是以键构成的列表，其规则为lambdax:d[x]，reverse意为翻转，默认此参数为False不翻转，即reverse=False，那就是正序首个字符ASCII码值（其他语言按首个unicode编码大小排序，中文无意义）由小到大排序，改为True即可由大到小排序。

5.4.5 字典与列表、元组转换

字典与列表、元组可以相互转换，具体方法如下所述。

1. 字典与列表的转换

（1）字典到列表的转换

```
>>> d = {'a' : 1, 'b': 2, 'c' : 3}
>>> key_value = list(d.keys())          #字典中的key转换为列表
>>> print('字典中的key转换为列表: ', key_value)
字典中的key转换为列表: ['a', 'b', 'c']
>>> value_list = list(d.values())       #字典中的value转换为列表
```

```
>>> print('字典中的value转换为列表：', value_list)
字典中的value转换为列表：[1, 2, 3]
```

（2）列表到字典的转换

列表不能直接使用dict转换成字典，常用下述两种方法完成列表到字典的转换。

① 使用zip函数。例如

```
>>> list1 = ['a1','a2','a3','a4']
>>> list2 = [1,2,3]
>>> z = zip(list1,list2)
>>> print(dict(z))
{'a1': 1, 'a2': 2, 'a3': 3}
```

将list1和list2两个列表内的元素两两组合成键/值对，当两个列表的长度不一致时，多出的元素在另一个列表无匹配的元素时就不列多余的元素。

② 使用嵌套。例如

```
>>> list1 = ['a1','a2']
>>> list2 = ['b1','b2']
>>> z = [list1,list2]
>>> print(dict(z))
{'a1': 'a2', 'b1': 'b2'}
# 相当于遍历子列表，如下：
>>> dit = {}
>>> for i in z:
>>> dit[i[0]] = i[1]
>>> print(dit)
{'a1': 'a2', 'b1': 'b2'}
```

list1和list2列表内只能有两个元素，将列表内的元素自行组合成键/值对。

2. 字典到元组的转换

```
>>> d = { 'a': 1, 'b': 2, 'c': 3 }
>>> list(d.items())
[('a', 1), ('c', 3), ('b', 2)]
>>> [(v, k) for k, v in d.items()]
[(1, 'a'), (3, 'c'), (2, 'b')]
```

或者：

```
>>> d = { 'a': 1, 'b': 2, 'c': 3 }
>>> d.items()
[('a', 1), ('c', 3), ('b', 2)]
>>> [(v, k) for k, v in d.iteritems()]
[(1, 'a'), (3, 'c'), (2, 'b')]
```

5.4.6 案例解析

【例5-6】统计重复的数字程序。

统计重复的数字程序的功能是：随机生成数字范围为[20,100]的1000个整数，然后升序输出所有数字及其每个数字重复的次数，即先排序，后统计。

```
#example5.6-1
import random
all_nums = []                         #定义一个空列表
for item in range(1000):              #生成1000个随机数放到列表中
    all_nums.append(random.randint(20,100))     #随机数范围在20～100之间
#对生成的1000个数进行升序排序，然后加到字典中
sorted_nums = sorted(all_nums)        #排序
num_dict = {}                         #定义一个空字典
for num in sorted_nums:               #遍历已排序的列表
    if num in num_dict:
        num_dict[num] += 1            #key存在，则更新value值
    else:
        num_dict[num] = 1             #在空字典num_dict中添加新的键/值对
print('数字\t\t出现次数')
for i in num_dict:
    print('%d\t\t%d' %(i,num_dict[i]))
```

另一种解决方法是：先统计，后排序输出。程序如下：

```
#example5.6-2
import random
num_dirc = {}
#统计数字及对应的次数
for i in range (1000):
    num_key = random.randint(20,100)
    if num_key in num_dirc:
        num_dirc[num_key] += 1
    else:
        num_dirc[num_key] = 1
#排序后，遍历输出
for i in sorted(num_dirc.keys()):
    print('%d,%d' %(i,num_dirc[i]))
```

程序运行结果：

```
数字    出现次数
20         8
21         5
22        10
23        12
```

```
24          12
25          11
26          12
……
```

【例5-7】统计句子中重复的单词程序。

统计句子中重复的单词程序的功能是：输入一句英文句子，输出句子中的每个单词及其重复的次数，其中单词之间以空格分隔。

统计一个文件中每个单词出现的次数就是指做词频统计，用字典无疑是最合适的数据类型，单词作为字典的key，单词出现的次数作为字典的 value，很方便地就记录好了每个单词的频率，字典很像电话本，每个名字关联一个电话号码。另外，字典最大的特点就是它的查询速度非常快。

```
#example5.7
sentence = input('输入一句英文：')
sentences = sentence.split(' ')                #先按照空格分离字符串，生成列表
words = {}                                     #定义一个字典
for i in sentences:                            #遍历列表
    if i == ',' or i == '.':                   #当循环到符号时，跳出此次循环
        continue
    count = sentences.count(i)                 #统计次数
    words[i] = count
for a in words:
    print('%s\t\t%s' %(a,words[a]))            #遍历输出字典
```

程序运行结果如下：

```
输入一句英文：hello java hello python hello AI.
Hello        3
Java         1
Python       1
AI           1
```

5.5 集　　合

集合是一个无序的不含重复元素的序列，它由不同元素组成，即集合中的元素都是唯一的，互不相同。从形式上看，和字典类似。

5.5.1 集合的创建与删除

1. 创建集合

集合的语法格式：

```
parame={value₁,value₂,…,valueᵢ,…,valueₙ}
```

其中parame为含有n个集合元素的集合名称，$value_i$为集合元素。例如：

```
set_00={1,2,3,4,5,6,7,8,9}
```

可以使用大括号“{}”或者set()函数创建集合，创建一个空集合必须用set()函数而不是{}，因为{}用来创建一个空字典。例如，s={1,2,3,4,5}是一个集合。

（1）大括号“{}”创建集合

例如：

```
>>> a={1,2,3}
>>> b={'x', (1,2 )}
>> c={'y',[3,4]}
Tranceback(most recent call last)
File''<pysheell#11>'',line 1,in<module>
c={'y',[3,4]}
TypeError  unhashable type:  'list'
```

上述例子中，a集合和b集合创建成功，但c集合创建失败，其原因是：集合元素可以是数值、字符串和元组，但由于列表为可变对象，所以将列表作为集合元素将发生错误。此外，在用大括号创建集合对象时，大括号内要有元素，否则解释器会误将其视为字典，而不是集合。

（2）set()函数创建集合

set()函数以可迭代对象作为集合元素来创建集合。语法格式为：

```
set(迭代对象)
```

其中：

① 迭代对象只能传入一个参数。

② 列表和集合对象不能直接成为集合的元素，但可以通过set()函数成为集合的元素。

③ set()函数可以以一个列表为参数。

④ 在set()函数中放入两个参数，如果一个为元组，另一个是字符串，将引发错误。

⑤ 在set()函数中还可以加入range()函数，以可迭代的对象成为集合的元素。

⑥ 由于集合不含有重复数据，因此使用set()函数将字符串转换成元素时，重复字符就只取一个。

例如：

```
>>> set_01=set(range(1,5))     #配合range()函数创建迭代器
>>> set_01
{1, 2, 3, 4}
>>> set('Phthhhoonn')          #删除重复字符o,n
{'n', 'o', 't', 'h', 'P'}
```

2. 删除集合

删除集合本身与删除其他对象一样，可调用del命令将集合直接删除。例如：

```
>>> del set_01
>>> set_01
```

```
Traceback (most recent call last):
  File "<pyshell#81>", line 1, in <module>
    set_01
NameError: name 'set_01' is not defined
```

5.5.2　集合的基本操作

1. 访问集合

可以使用for 循环遍历集合，访问集合中的每一个元素。例如：

```
>>> set_02 = set('Happy birthday')
>>> print(set_02)
{'y', 'p', ' ', 'i', 'd', 't', 'H', 'a', 'h', 'r', 'b'}
>>> for item in set_s1:
        print(item)
y
p

i
d
t
H
a
h
r
b
```

2. 添加元素

可以使用add(elem)向集合中添加元素。例如：

```
>>> set_03=set()          #创建空集合set_03
>>> set_03.add('c')       #向set_03集合添加一个元素'c'
>>> set_03
{'c'}
>>> set_03.add('8')
>>> set_03
{'c', '8'}
```

3. 删除元素

可以利用remove()、discard()、pop()或clear()方法删除set集合中的元素。利用remove()、discard()方法可以删除指定的元素，利用pop()方法随机删除任意一个元素，clear()方法可以删除集合中所有元素。

（1）利用remove()方法删除指定的元素

```
>>> set_04={'h', 'a','d','o','p'}
>>> set_04. remove('a')
```

```
>>> set_04
{'h','d','o','p'}
```

（2）利用discard()方法删除指定的元素

```
>>> set_04={'h','d','o','p'}
>>> set_04. discard('o')
>>> set_04
{'h','d','p'}
```

（3）利用pop()方法随机删除任一个元素

```
>>> set_04 = set([9,4,5,2,6,7,1,8])
>>> set_04.pop()
1
>>> set_04.pop()
2
>>> set_04
{4, 5, 6, 7, 8, 9}
>>>
```

（4）利用clear()方法删除所有元素

```
>>> set_04.clear()
>>> set_04
set()
```

4. 集合运算

（1）标准类型操作符

集合支持成员操作符、等价操作符和比较操作符等标准类型操作符。

① 成员操作符。成员操作符（in或not in）用于判断某个值是或者不是集合的元素。例如：

```
>>> 'h' in set_s1
True
>>> 'w' not in set_s1
True
>>> 1 in set_s1
False
```

② 等价操作符。等价操作符（==或!=）用于比较两个集合是否等价，即一个集合的每个元素同时又是另外一个集合中的元素，这种比较与集合和元素顺序无关，只与集合的元素有关。例如：

```
>>> set_08=set('123')
>>> set_09 = set('213')
>>> set_08
{'2', '3', '1'}
>>> set_09
```

```
{'2', '3', '1'}
>>> set_08==set_09
True
```

③ 比较操作符。比较操作符（>、<、>=、<=）可用于检测某个集合是否为其他集合的子集或者超集。其中<、<=用于判断是否是子集，>、>=用于判断是否是超集。例如：

子集为某个集合中一部分集合，故又称部分集合。使用操作符（<或<=）执行子集操作，同样地，也可使用issubset()方法完成，issubset() 方法用于判断集合的所有元素是否都包含在指定集合中，如果是则返回 True，否则返回 False。

```
>>> A = set('abcd')
>>> B = set('cdef')
>>> C = set("ab")
>>> C < A
True                          #C是A的子集
>>> C < B
False
>>> C.issubset(A)
True
>>> set_11=set('program')
>>> set_12=set('pro')
>>> set_12< set_11
True
>>> set_11>set_12
True
>>> set_11>=set_11
True
```

（2）集合类型操作符

集合之间也可进行集合运算，如并集、交集等，可用相应的操作符或方法来实现。

① 并集（|）。一组集合的并集是这些集合的所有元素构成的集合，而不包含其他元素。使用|操作符执行并集操作，同样地，也可使用方法 union() 完成，union() 方法返回两个集合的并集，即包含了所有集合的元素，重复的元素只会出现一次。例如：

```
>>> A = set('abcd')
>>> B = set('cdef')
>>> A | B
{'c', 'b', 'f', 'd', 'e', 'a'}
>>> A.union(B)
{'c', 'b', 'f', 'd', 'e', 'a'}
```

② 交集（&）。两个集合A和B的交集是含有所有既属于A又属于B的元素，而没有其他元素的集合。使用&操作符执行交集操作，同样地，也可使用方法intersection()完成，intersection()方法用于返回两个或更多集合中都包含的元素。例如：

```
>>> A = set('abcd')
```

```
>>> B = set('cdef')
>>> A & B
{'c', 'd'}
>>> A.intersection(B)
{'c', 'd'}
```

③ 差集（-）。A与B的差集是所有属于A且不属于B的元素构成的集合，使用-操作符执行差集操作，同样地，也可使用方法difference()完成。例如：

```
>>> A = set('abcd')
>>> B = set('cdef')
>>> A - B
{'b', 'a'}
>>> A.difference(B)
{'b', 'a'}
```

④ 对称差（^）。两个集合的对称差是只属于其中一个集合，而不属于另一个集合的元素组成的集合。使用^操作符执行差集操作，同样地，也可使用方法symmetric_difference()完成，symmetric_difference() 方法返回两个集合中不重复的元素集合，即会移除两个集合中都存在的元素。其语法格式为：set.symmetric_difference(set)。例如：

```
>>> A = set('abcd')
>>> B = set('cdef')
>>> A ^ B
{'b', 'f', 'e', 'a'}
>>> A.symmetric_difference(B)
{'b', 'f', 'e', 'a'}
```

（3）可变集合类型的操作符

set集合支持联合更新、交集更新、差补更新和对称差分更新。

① 联合更新。联合更新（|=）是在已经存在的集合中添加元素，该操作与update()方法等价。例如：

```
>>> set_11 = set('fgh')
>>> set_13 = frozenset('xyz')
>>> set_11 |= set_13
>>>set_11
{'f','g','h', 'x','y','z'}
```

② 交集更新。交集更新（&=）保留与其他集合共有的元素，该操作与intersection_update()方法等价。例如：

```
>>> set_11 = set('fgh')
>>> set_14 = frozenset('fgxyz')
>>> set_11 &= set_13
>>> set_11
{'f','g'}
```

③ 差补更新。差补更新（-=）是指去掉其他集合中的元素剩余的元素，该操作与difference_update()方法等价。例如：

```
>>> set_11 = set('fgh')
>>> set_14 = frozenset('fgxyz')
>>> set_11 -= set_14
>>> set_11
{'h' }
```

④ 对称差分更新。对称差分更新（^=）是指对集合 a和b执行对称差分更新操作返回一个集合，这个集合中的元素是原集合a或者仅是另一个集合b中的元素，该操作与symmetric_difference_update()方法等价。例如：

```
>>> set_11 = set('fgh')
>>> set_14 = frozenset('fgxyz')
>>> set_11 ^= set_14
>>> set_11
{'h','x','y','z'}
```

（4）集合遍历

遍历集合和遍历列表类似，都可以直接使用for循环遍历集合。例如：

```
>>> s = set(['xiaoli', 'xiaowang', 'xiaoliu'])
>>> for name in s:
print (name)
xiaoli
xiaowang
xiaoliu
```

5.5.3　集合的函数与方法

1. 集合的方法

（1）add()方法

利用add()方法可以向集合中添加元素。例如：

```
>>> s_20 = {1, 2, 3, 4, 5, 6, 7, 8, 9}
>>> s_20.add("s")
>>> s_20
{1, 2, 3, 4, 5, 6, 7 ,8, 9, 's'}
```

（2）clear()方法

利用clear()方法可以清空集合。例如：

```
>>> s_20 = {1, 2, 3, 4, 5, 6, 7, 8, 9}
>>> s_20.clear()
>>> s_20
set()
```

(3) copy()方法

利用copy()方法可以返回集合的浅拷贝。

```
>>> s_20 = {1, 2, 3, 4, 5, 6, 7, 8, 9}
>>> new_s = s_20.copy()
>>> new_s
{1, 2, 3, 4, 5, 6, 7, 8, 9}
```

(4) pop()方法

利用pop()方法可以删除并返回任意的集合元素，如果集合为空，则抛出 KeyError异常。

```
>>> s_20 = {1, 2, 3, 4, 5, 6, 7, 8, 9}
>>> s_20.pop()                    #pop删除时是无序的随机删除
>>> s_20
{2, 3, 4, 5, 6, 7, 8, 9}
```

(5) remove()方法

remove()方法可以删除集合中的一个元素（如果元素不存在，会抛出 KeyError异常）。

```
>>> s_20 = {1, 2, 3, 4, 5, 6, 7, 8, 9}
>>>s_20.remove(3)
>>> s_20
{1, 2, 4, 5, 6, 7, 8, 9}
```

(6) discard()方法

discard()方法可以删除集合中的一个元素（如果元素不存在，则不执行任何操作）。例如：

```
>>> s_20 = {1, 2, 3, 4, 5, 6, 7, 8, 9}
>>> s_20.discard("sb")
>>> s_20
{1, 2, 3, 4, 5, 6, 7, 8, 9}
```

(7) intersection()方法

intersection()方法可将两个集合的交集作为一个新集合返回。例如：

```
>>> s_20 = {1, 2, 3, 4, 5, 6, 7, 8, 9}
>>> s2 = {3, 4, 5, 6, 7, 8}
>>> s_20=s_20.intersection(s2)
>>> s_20
{3, 4, 5, 6, 7, 8}
>>> s_20=s&s2                             #可以达到相同的效果
>>> s_20
{3, 4, 5, 6, 7, 8}
```

(8) union()方法

union()方法可将集合的并集作为一个新集合返回。例如：

```
>>> s_20 = {1, 2, 3, 4, 5, 6, 7, 8, 9}
>>> s2 = {3, 4, 5, 6, 7, 8}
```

```
>>> s_21 = s_20.union(s2)
>>> s_21
{1, 2, 3, 4, 5, 6, 7, 8, 9}
>>> s_21 = (s_20|s2)                    #用 | 可以达到相同效果
>>> s_21
{1, 2, 3, 4, 5, 6, 7, 8, 9}
```

（9）difference()方法

difference()方法可将两个或多个集合的差集作为一个新集合返回。例如：

```
>>> s_20 = {1, 2, 3, 4, 5, 6, 7, 8, 9}
>>> s2 = {3, 4, 5, 6, 7, 8}
>>> s_22 = s_20.difference(s2)
>>> s_22
{1, 2, 9}
>>> s3 = {3, 4, 5, 6, 7, 8, 9, 10, 11}
>>> s_23 = s3.difference(s_20)     #去除s_20和s3中相同的元素，保留s3中剩余元素
>>> s_23
{9, 10, 11}
```

（10）symmetric_difference()方法

symmetric_difference()方法可将两个集合的对称差作为一个新集合返回，即两个集合合并删除相同部分，其余保留。例如：

```
>>> s_20 = {1, 2, 3, 4, 5, 6}
>>> s2 = {3, 4, 5, 6, 7, 8}
>>> s_26 = s.symmetric_difference(s2)
>>> s_26
{1, 2, 7, 8}
```

（11）update()方法

update()方法可用自己和另一个的并集来更新这个集合。例如：

```
>>> s_30 = {'p', 'y'}
>>> s_30.update(['t', 'h', 'o', 'n'])              #添加多个元素
>>> s_30
{'p', 't', 'o', 'y', 'h', 'n'}
>>> s_30.update(['H', 'e'], {'l', 'l', 'o'})       #添加列表和集合
>>> s_30
{'p', 'H', 't', 'l', 'o', 'y', 'e', 'h', 'n'}
```

（12）intersection_update()方法

intersection_update()方法可用自己和另一个的交集来更新这个集合。

```
>>> s_30 = {'a', 'b', 'c', 'd', 'q'}
>>> s2 = {'c', 'd', 'e', 'f'}
>>> s_30.intersection_update(s2)          #相当于s_30 = s_30 - s2
>>> s_30
```

```
{'c', 'd'}
```

（13）isdisjoint()方法

isdisjoint()方法是如果两个集合有一个空交集，返回 True。例如：

```
>>> s_30 = {1, 2}
>>> s1 = {3, 4}
>>> s2 = {2, 3}
>>> s.isdisjoint(s1)
True                      #s_30和 s1 两个集合的交集为空，返回 True
>>> s_30.isdisjoint(s2)
False                     #s_30和 s2 两个集合的交集为 2，不是空，所以返回False
```

（14）issubset()方法

issubset()方法是如果另一个集合包含这个集合，返回 True。例如：

```
>>> s_30 = {1, 2, 3}
>>> s1 = {1, 2, 3, 4}
>>> s2 = {2, 3}
>>> s_30.issubset(s1)
True                    #因为 s1 集合 包含 s_30 集合
>>> s_30.issubset(s2)
False                   #s2 集合 不包含 s_30 集合
```

（15）issuperset() 方法

issuperset() 方法是如果这个集合包含另一个集合，返回 True。例如：

```
>>> s_30 = {1, 2, 3}
>>> s1 = {1, 2, 3, 4}
>>> s2 = {2, 3}
>>> s_30.issuperset(s1)
False                     #s_30 集合不包含 s1 集合
>>> s_30.issuperset(s2)
True                      #s_30 集合包含 s2 集合
```

（16）difference_update()方法

difference_update()方法是从这个集合中删除另一个集合的所有元素。

```
>>> s_30 = {1, 2, 3}
>>> s1 = {1, 2, 3, 4}
>>> s2 = {2, 3}
>>> s_30.difference_update(s2)
>>> s_30
{1}                     #s2集合中为2,3，s_30集合中也有2,3，所以保留1
>>> s1.difference_update(s2)
>>> s1
{1, 4}
```

（17）symmetric_difference_update()方法

symmetric_difference_update()方法是用自己和另一个的对称差来更新这个集合。

```
>>> s_30 = {1, 2, 3}
>>> s1 = {1, 2, 3, 4}
>>> s2 = {2, 3}
>>> s1.symmetric_difference_update(s_30)
>>> s1
{4}
>>> s1.symmetric_difference_update(s2)
>>> s1
{2, 3, 4}
>>> s_30.symmetric_difference_update(s2)
>>> s_30
{1}
```

2. 集合的内置函数

集合的常用内置函数见表5–4。

表 5–4　集合的常用内置函数

函　数	描　述
all()	如果集合中的所有元素都是 True（或者集合为空），则返回 True
any()	如果集合中的所有元素都是 True，则返回 True；如果集合为空，则返回 False
enumerate()	返回一个枚举对象，其中包含了集合中所有元素的索引和值（配对）
len()	返回集合的长度（元素个数）
max()	返回集合中的最大项
min()	返回集合中的最小项
sorted()	从集合中的元素返回新的排序列表（不排序集合本身）
sum()	返回集合的所有元素之和

5.5.4　列表、元组、集合、字典的比较

在Python程序设计中，列表、元组、集合、字典是常用的数据结构，它们之间的比较见表5–5。

表 5–5　列表、元组、集合、字典的比较

比较项	列表	元组	字典	集合
英文	list	tuple	dist	set
可否读写	读写	只读	读写	读写
可否重复	是	是	是	否
存储方式	值	值	键值对（不能重复）	键（不能重复）
是否有序	有序	有序	无序，自动正常	无序

续表

比较项	列表	元组	字典	集合
初始化	[1,"a"]	('a',1)	{'a':1,'b':2}	Set([1,2]) 或 {1,2}
添加	append	只读	d['key']='value'	add
读元素	L[2:]	T[0]	D['a']	无

5.5.5 案例解析

【例5-8】磁盘资产采集信息的检测程序。

磁盘资产采集信息与数据库中的磁盘信息进行比较之后，再将资产入库，对于采集的多余的插槽属于新增的磁盘，对于相同的插槽可能是磁盘容量变更，对于数据库中有、但是采集信息中没有的插槽是资产中删除的磁盘。#1/#2/#3/#4 等为插槽信息，需要比对的就是插槽的增加/删除/不变的信息。

1. 采集信息

```
disk_info = {
    '#1': {'factory': 'x1', 'model': 'x2', 'size': 600},
    '#2': {'factory': 'x1', 'model': 'x2', 'size': 500},
    '#3': {'factory': 'x1', 'model': 'x2', 'size': 600},
    '#4': {'factory': 'x1', 'model': 'x2', 'size': 500},
}
```

2. 数据库信息

```
disk_queryset = [
    {'slot': '#1', 'factory': 'x1', 'model': 'x2', 'size': 200},
    {'slot': '#2', 'factory': 'x1', 'model': 'x2', 'size': 1000},
    {'slot': '#6', 'factory': 'x1', 'model': 'x2', 'size': 500},
]
```

3. 数据处理

先把插槽信息提取出来，转化成插槽的集合。

```
disk_set = set(disk_info)              #字典中的key 元素组成集合
print(disk_set,type(disk_set))

#for 循环列表，每个元素字典取值slot作为集合元素，最后组成集合
disk_queryset_set=set(row['slot']
for row in disk_queryset)
    print(disk_queryset_set,type(disk_queryset_set))

#求相同
r1 = disk_set & disk_queryset_set
#字典是否有列表
r2 = disk_set - disk_queryset_set
```

```
#列表是否有字典
r3 = disk_queryset_set - disk_set
```

【例5-9】数据去重程序。

对数组、列表等去重是常用的需求，集合是一个无序不重复元素集合，使用集合去重的特性，首先将列表转换成集合，然后再将集合转换成列表。程序如下：

```
>>>Li_1 = [1,4,3,3,4,2,3,4,5,6,1]
>>>set_15 = set(li1)
>>>set_15
{1,4,3,2,5,6}
>>>li_2 = list(set_15)
>>>li_2
[1,4,3,2,5,6]
```

Python中集合结构是唯一可被哈希的对象的无序集合。也就是说集合内的元素必须是可哈希的。有时需要使用集合结构来检测两个列表或其他数据类型的元素差异。

```
m1 = [1,2,3]
m2 = [2,3,4]
m = set(m1) - set(m2)
print(m)
```

程序输出结果如下：

```
set([1])
```

上面的代码使用m1和m2初始化两个set对象，然后利用-操作符计算在m1中但是没有在m2中的元素，于是结果输出为1。m1、m2可哈希运算后计算唯一性。检测多个设备的运行状态，线程间隔从设备服务中获取设备列表，获取新设备后，检查增加、删除、状态改变的设备。因此需要检测新获取的设备列表和上次获取到的设备列表的变化。

习　题

1. 编写用户输入月份，判断这个月是哪个季节的程序。

其中，春季为 3、4、5 月；夏季为 6、7、8 月；秋季为 9、10、11 月；冬季为 12、1、2 月。

2. 现有商品列表如下：products = [[' 华为笔记本电脑 ', 6000], [' 小米手机 ',2499],[' 咖啡 ',31],[' 科技书 ',70],[' 运动鞋 ',100]] ，需打印出如下所示格式：

```
---------- 商品列表 -----------
1. 华为笔记本电脑        6000
2. 小米手机              2499
3. 咖啡                  31
4. 科技书                80
5. 运动鞋                100
```

3. 编写循环程序，不断地询问用户需要买什么，用户选择一个商品编号，就把对应的商品添加到购物车中，最终用户输入 q 退出时，打印购物车中的商品列表。

4. 编写用户登录系统。

（1）系统中有多个用户，用户的信息目前保存在列表中：

```
users = ['root','wang']
passwd = ['123','456']
```

（2）用户登录（判断用户登录是否成功），判断用户是否存在。

①如果存在：

- 判断用户密码是否正确。
- 如果正确，登录成功，退出循环。
- 如果密码不正确，重新登录，总共有三次机会登录。

②如果用户不存在：重新登录，总计有五次机会。

5. 创建 score 元组，其中包含 10 个数值：68,87,92,100,76,88,54,89,76,61。

（1）输出 score 元组中第 5 个元素的数值。

（2）查询数值 76 在 score 元组中出现的次数。

（3）得到 score 元组的长度。

（4）使用两种方式对元组进行遍历。

（5）将 score 元组变为列表。

6. 编写通过输入一个（1～7）之间的任意数字，然后输出对应的星期几的程序。提示：用一个元组放入一周中的七天，输入其中的一天，然后再用输出函数打印输出。

7. 设计数字/中文数字的转换程序。例如：

输入：1234567890；

输出：壹贰叁肆伍陆柒捌玖零。

8. 有一个字典 dic = {"name": "zhangsan", "age": 18, "height": 1.75}

（1）遍历整个字典。

（2）得到所有 key 值，并且进行遍历。

（3）得到所有 value 值，并且进行遍历。

9. 对于字典 d = {'a':1,'b':4,'c':2}，说明按值升序排序的三种方法。

10. 编写输入一个字符串，计算字符串中子串出现的次数的程序。

11. 编写程序，其功能是任意输入一篇英文文章（可能有多行），当输入空行时结束输入。判断出现 3 种英文单词的次数。

12. 编写程序：先用计算机生成 n 个 1～1 000 之间的随机整数（$n \leqslant 1\,000$），n 是用户输入的，对于其中重复的数字，只保留一个，把其余相同的数字去掉，不同的数对应着不同学生的学号，然后再把这些数从小到大排序。

第6章 函　数

函数是Python编程核心内容之一，函数是可重复使用的，用来实现单一或相关联功能的代码段。函数能提高应用的模块性和代码的重复利用率。

6.1　函数的定义与使用

函数是组织好的，可重复使用的，用来实现单一或相关联功能的代码段。Python提供了丰富的内置函数，如print()函数、input()函数等，除此之外，还有用户自定义函数。自定义函数需要先定义、然后再调用。

6.1.1　基本语法

1. 函数的定义

定义函数的语法格式如下：

```
def 函数名([形参列表]):
函数体
return [表达式]
```

说明：

① 函数代码块以 def 关键词开头，后接函数标识符名称和圆括号 ()。

② 任何传入参数和自变量必须放在圆括号中间，圆括号之间可以用于定义参数。

③ 函数的第一行语句可以选择性地使用文档字符串——用于存放函数说明。

④ 函数内容以冒号（:）起始，并且缩进。

⑤ return [表达式] 结束函数，选择性地返回一个值给调用方，不带表达式的 return 语句相当于返回 None。

函数可以输入参数，并设置返回值。例如：

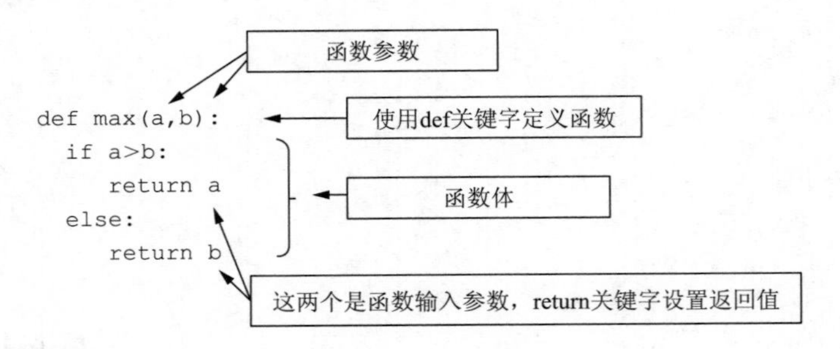

6.1.2 函数的调用

已定义的函数可以通过另一个函数调用执行。fun_1()是无参数函数的调用，而fun_2(a,b)为有参数函数的调用，其中a、b是实际参数。

在函数定义后，就可以调用。例如，调用fun_s(r) 函数的语法格式如下：

```
def fun_s(r):
s = 2*3.14*r
return 2*3.14*r
fun_s(2,4)
```

在上述函数调用时，传递了一个值，r被赋值2，使用return将2*3.14*2的结果返回。

关于自定义函数调用，进一步解释下述几个问题。

1. 形参与实参

形参是形式参数的简称，是在定义函数名和函数体时使用的参数，其作用是接收调用函数传递的参数。实参是实际参数的简称，是在调用函数时传递给函数的参数，实参可以是常量、变量、表达式和函数等，在调用函数时，实参必须有确定值，并将这些值传递给形参。在上例中，fun_s1(r)中r为形参，而fun_s1(2)中的2是实参。实参是形参赋值之后的值，实参参与实际运算。

2. 传递参数值的变化

在Python中，函数被调用后获得了实参，被传递的参数值变化情况有两种可能。一种情况是：当参数是字符串、数字和元组时，则不可改变，即这种类型的参数无法修改；另一种情况是：当参数是列表、字典类型时，则可修改，即这种类型的参数可以修改。

3. return语句的说明

在函数调用时，利用return语句可以返回需要的计算结果，另一个问题是返回值的类型问题。

在return语句后没有定义返回值，则返回值为None，表示没有任何值。如果return语句定义返回一个值，则返回值的类型就是对应值的类型，如果返回多个值，那么这些值将聚集起来以元组类型表示。例如：

```
>>>def fun_n(x,y):
     return x,y
>>>type(fun_n(2,4))
<class 'tuple'>
```

6.1.3 变量作用域

变量作用域是表示一个变量起作用的范围，变量作用域决定那一部分程序可以访问特定的变量名称。在Python中，分局部变量和全局变量两个最基本的变量作用域。

1. 局部变量

在函数内部定义的变量只能够在函数内部引用，不能够在函数外引用，也就是说，这个变量的作用域是一个局部作用域，并将这种变量称为局部变量。例如：

```
def func():
   d=200
   print(d)
```

在func()函数中，d是在函数体中定义的变量，并且是第一次出现，所以d为局部变量。根据局部变量的定义，局部变量仅能在函数体中被访问，如果超出函数体的范围访问将提示语法错误。例如：

```
def func():
    d=300
    print(d)
    func()
    print(d)                #超出函数体范围的访问
```

程序运行结果如下：

```
300
Traceback(most recent call last):
File"D:python/work space/function def.py,line6,in<module>
print(d)
NameError.name'a'is not defined
```

从报错结果可以看出，print(d)语句中的d变量是函数体内部的局部变量，但在函数体外调用，所以抛出异常。

2. 全局变量

在函数外定义的变量拥有全局作用域，将其称为全局变量。在函数内部可以引用全局变量，如果在函数内对全局变量进行修改，可以使用global关键字进行声明后再修改。

例如：

```
c=5                    #全局变量c
def func1():
   print('c=',c)
def func3():
   c=10                #修改全局变量c
   print('c=',c)
```

程序运行结果报错，其原因是：在Python中，如果在函数内部对全局变量c进行修改，则Python将变量c作为局部变量，在此之前，没有声明局部变量c，所以出错。为了使局部变量有效，可以在函数内使用global关键字进行声明，修改后的程序如下：

```
c = 5                   #全局变量c
def func1():
   print('c=',c)
def func3():
   global  c
   c = 10               #修改全局变量c
   print('c=',c)
```

程序运行结果如下：

```
C=10
```

全局变量和局部变量使用方法，例如：

```
>>> a = 20
>>> def fun5():         #定义fun5()函数
   global a             #声明和创建全局变量a，必须在使用a之前执行global语句
   a = 5                #修改全局变量的值
   b = 6                #b为局部变量
   print(a,b)
>>> fun5()              #本次调用修改了全局变量a的值
5  6
>>> a
5
>>> b                   #局部变量b在函数运行结束后自动删除，不再存在
NameError:name 'b' is not defined
>>> del a               #删除全局变量a
>>> a
NameError:name 'a' is not defined
>>> fun5()              #本次调用创建了全局变量
5  6
>>> a
5
```

3. 修改嵌套作用域中的变量

在一个嵌套的函数中，可以使用nonlocal关键字修改嵌套作用域中的变量。例如：

```
>>> def func():
        c=1
        def func_in():
             c=12
        func_in()
             print(c)

>>> func()
1
```

在上述程序的嵌套func_in函数中，对变量c赋值，同样创建一个新的变量，并不使用c=1语句中的c，如果需要修改嵌套作用域中的c，需要使用nonlocal关键字。例如：

```
>>> def func():
     c=1
     def func_in():
          nonlocal c
          c=12
     func_in()
     print(c)

>>> func()
12
```

在上例中，func_in()函数中使用了nonlocal关键字，对func_in()函数中的变量c可直接进行修改，程序最后输出12。

nonlocal关键字与global关键字的区别是：global关键字修饰的变量之前可以不存在，但nonlocal关键字修饰的变量在嵌套域中必须已存在。

6.2 函数参数

在Python中，参数使用非常灵活。自定义函数定义之后才可以调用，定义函数可以用必选参数、默认参数、可变参数、关键字参数等作为形参，参数定义的使用顺序必须是必选参数、默认参数、可变参数、关键字参数。

6.2.1 必选参数

必选参数是指调用函数时，需要给定与形参相同个数的实参。例如，在下述函数定义中，函数名为fun，形参为name,age,gender，函数调用的实参为'xiaowang',18, 'man'。

```
def fun(name,age,gender):       #函数定义
    print('Name: ',name, 'Age: ',age, 'Gender: ',gender)
fun('xiaowang',18, 'man')       #函数调用
```

程序执行结果如下：

```
Name:xiaowang
Age:18
Gender: man
```

位置参数必须以正确的顺序传入函数，调用时数量也必须和定义时相同。例如，在上例中，定义了必须传入三个参数的函数fun(name,age,gender)，三个参数分别为name、age、gender、调用时，将'xiaowang'、18、'man'传给name、age、gender。传入的实参与定义的形参数量一致，传入顺序一致，即字符串、数值、字符串三个类型的参数。如果不是这样，则得到出错的提示。

6.2.2 默认参数

调用函数时，如果有传递实参就可以使用传递参数；如果无传递实参就可以使用默认参数。使用默认参数的方法是，在定义函数时，为参数设定一个默认值，在调用函数时，如果没有给调用函数的参数赋值，则调用函数就使用该默认值。带默认参数的函数定义语法如下：

```
def 函数名(…,形参名=默认值):
    函数体
    return[表达式]
```

Python中的函数可以给一个或多个参数指定默认值，这样在调用时可以选择性地省略该参数。例如，在下述程序中，定义函数fun有三个参数，其中参数c为默认参数，其默认值为5。当函数调用为fun(1,2)时，a+b+c=8；当函数调用为fun(1,2,3)时，无默认参数，a+b+c=6。

```
def fun(a,b,c=5):
   print(a+b+c)
fun(1,2)
fun(1,2,3)
```

程序运行结果如下：

```
8
6
```

又例如，在调用函数时，如果只为第一个参数message传递实参，第二个参数times为默认参数，则程序运行结果如下：

```
>>>def fnc(message,times=3):
       Print((message+ ' ' )* times)
fuc('python')
```

程序运行结果如下：

```
python python python
```

在通常情况下，默认值只计算一次，但如果默认值是一个可变对象时，则略有不同，例如，当默认值是列表、字典等可变对象时，函数在随后的调用中将累积参数值。例如：

```
def fun(a,L=[]):
   L.append(a)
   print(L)

fun(1)                #输出[1]
fun(2)                #输出[1,2]
fun(3)                #输出[1,2,3]
```

程序运行结果如下：

```
[1]
[1,2]
```

```
[1,2,3]
```

关于默认参数的使用进一步说明如下：

① 默认参数不能在必选参数之前，如果默认参数位于无默认参数之前，为了调用函数时更为便捷地使用，而同时又不产生歧义，则调用函数时就必须使用key=value的形式，而不能使用直接送入value的形式。

② 在定义函数时，若无默认参数就放在前面。任何一个默认参数右边都不能再出现没有默认的普通位置参数。考虑到定义函数只要一次，调用函数可能出现在多处，定义函数时需要注意这一点。

③ 无论有多少默认参数，如果不传入默认参数值，则使用默认值。如果传入默认参数值，则使用传入默认参数值。

④ 如果需要更改某一个默认值，又不想传入其他默认参数，并且这个默认参数的位置不是第一个，则可以通过参数名更改需要更改的默认参数值。

⑤ 更改默认参数时，传入默认参数的顺序不需要根据定义的函数中的默认参数的顺序传入，最好同时传入参数名，否则容易出现执行结果与预期不一致的情况。

综上所述，可以看出使用默认参数可以减少代码，简化程序。例如录入某单位人员信息，如果有很多人的地址相同，就可以将地址作为默认参数，就不用重复传入每个人的地址了。

6.2.3 可变参数

如果需要一个函数能够处理参数比已声明的参数更多，可将这些参数定义为可变参数。也就是说，可变参数传入的参数个数是可变的，可以是0个、1个、2个到任意个。在形参前加一个星号（*）或两个星号（**）来指定函数可以接收任意多个实参，可变参数声明时不用为其命名，其语法格式如下：

```
def 函数名(参数,*变量名):
    函数体
    return[表达式]
```

其中，加*号的变量名存放所有没有命名的变量参数，如果变量参数在函数调用时没有指定参数，则为一个空元组，也可以不向可变函数传递未命名的变量。

当声明了一个*param参数之后，从此处开始直到结束的所有参数都将被汇集到一个名为param元组中。类似地，当声明一个**param的双星号参数时，从此处开始直至结束的所有关键参数都将被汇集到一个名为param的字典中。

1. 前面有一个星号*的可变参数的使用

例如：

```
def func(a,*args):
    print(a)
    print(args)
func(1,2,3,4)
```

运行程序结果如下：

```
1
(2,3,4)
```

将在func中已匹配的参数后，剩余的参数以元组的形式存储在args元组中，因此在上述程序中传入一个或一个以上的参数，函数func(a,*args)都会接受。当然，也可以只传入可接受的可变参数。例如：

```
>>> def func(*my_01):
     print(my_01)
>>> func(1,2,3,4)
(1,2,3,4)
>>> func()
()
```

在上述函数中，func(1,2,3,4)和func()函数调用，都只传入可接受的可变参数。

2. 前面有两个*的可变参数的使用

形参名前加两个*表示将函数内部参数存放在一个字典中，例如**k-01表示将函数内部参数存放在一个k-01字典中。这时调用函数的方法需要采用arg1=value1,arg2=value2这样的形式。为了区分一个*号和两个*号的不同作用，将*args称为元组参数，将**k-01称为字典参数。

```
>>> def a(**x):
    print(x)
>>> a(x=1,y=2,z=3)
{'y':2, 'x':1, 'z':3}        #存放在字典中
```

需要注意，采用**k-01传递参数时，不能传递元组参数。

```
>>> a(1,2,3)                    #这种调用则抛出异常
```

例如：

```
def fun(*args):
    print(type(args))
print(args)
fun(1,2,3,4,5,6)
```

程序执行结果如下：

```
<class'tuple'>
(1,2,3,4,5,6)
```

例如：

```
def fun(**args):
    print(type(args))
    print(args)
fun(a=1,b=2,c=3,d=4,e=5)
```

程序执行结果如下：

```
<class'dict'>
{'d':4, 'e':5, 'b':2, 'c':3, 'a':1}
```

从两个示例的输出可以看出：当参数形如*args时，传递给函数的任意个实参按位置包装进一个元组；当参数形如**args时，传递给函数的任意个key=value实参包装进一个字典。

【例6-1】给定一组数字a,b,c...，计算$a^2+b^2+c^2+\cdots\cdots$的值。

对于这个计算问题，函数定义必须确定输入的参数。但由于参数个数不确定，为此，可以将a,b,c...作为一个列表或者元组传入。不使用可变参数的函数定义与调用的程序如下。

```
def calc-01(numbers):
    sum=0
    for n in numbers:
      sum=sum+n*n
return sum
Print(calc-01([1,2,3]))
Print(calc-01((1,2,3,4)))
```

运行程序的结果如下：

```
14
30
```

对于上述同一问题，使用可变参数的函数定义与调用如下：

```
def calc_2(*numbers):
    for n in numbers:
     sum=sum+n*n
return sum
```

定义可变参数和一个list或tuple参数相比，仅仅在参数前面加了一个*号，在函数内部，参数numbers接收到的是一个tuple，因此函数代码完全不变，调用该函数时，可以传入任意个参数，包括0个参数。定义的calc_2(*numbers)函数，调用函数如下：

```
Print(calc_2(1,2))
Print(calc_2())
```

程序运行结果如下：

```
5
0
```

如果已经有了一个list或者tuple，要调用一个可变参数，调用函数如下：

```
nums=[1,2,3]
print (calc_2(nums[0],nums[1],nums[2]))
```

为了更简洁，Python允许在list或者tuple的前面加上*号，把list或者tuple的元素变成可变参数传入：

```
Print(calc_2(*nums))
```

3. 进一步说明

在Python中，不存在传值调用，一切传递的都是对象的引用，所以可以认为是传址。

可将Python对象分成可变对象和不可变对象两类。可变对象是指对象的内容可变，而不可变对象是指对象的内容不可变。例如int、字符串、float等数值型对象为不可变对象；元组、字典、列表为可变对象。

6.2.4 关键字参数

调用函数给出的参数都是按照定义的顺序进行，但是也可以使用关键参数作为实参来调用函数，通过关键参数可以按参数名字传递值，明确将哪个值传递给哪个参数，避免了用户需要记住参数位置和顺序的工作，进而使得函数调用和参数传递更为灵活，也就是说，使用关键实参调用函数时，因为已经明确指明了参数的对应关系，所以参数的顺序也就无关紧要，参数的顺序与定义的顺序可以不一致。例如：

```
def fun(name,age,gender):
    print('Name: ',name)
    print('Age: ',age)
    print('Gender: ',gender)
    return
print('按参数顺序传入参数：')
fun('xiaowang',18, 'man')
print('不按参数顺序传入参数，指定关键参数名：')
fun(age=18,name='xiaowang',gender='man')
print('按参数顺序传入参数，并指定关键参数名：')
fun(name='xiaowang',age=18,gender='man')
```

程序运行结果如下：

```
按参数顺序传入参数：
Name:xiowang
Age:18
Gender: man
不按参数顺序传入参数，指定关键参数名：
Name:xiaowang
Age:18
Gender: man
按参数顺序传入参数，并指定关键参数名：
Name:xiaowang
Age:18
Gender: man
```

可以看出，只要指定关键参数名，输入参数的顺序对结果无影响，都可以得到正确的结果。

6.3 递归函数

6.3.1 递归的基本概念

如果在一个函数中，直接或间接地调用函数自身，则称为函数递归调用。函数递归调用是函数调用的一种特殊情况，函数调用自身，自身再调用自身，自身再调用自身……当某个条件满足之后，就停止调用，最后再一层一层返回到该函数的第一次调用，其过程如图6-1所示。

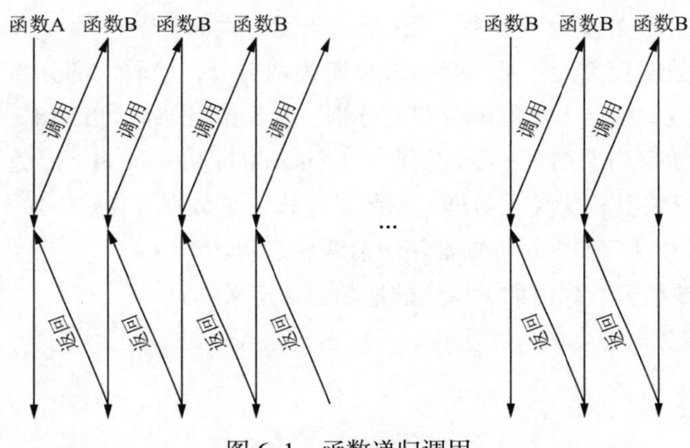

图 6-1 函数递归调用

用递归过程定义的函数称为递归函数。递归函数是指函数还可以自我调用（是指在内部调用自身函数），递归函数都是可计算的函数，例如连加、连乘及阶乘等都可以使用递归函数实现。

在使用递归时，需要注意以下几点：

① 递归就是在过程或函数中调用自身。

② 必须有一个明确的递归结束条件，称为递归出口。

③ 设置递归出口，可以避免函数无限调用。

阶乘、斐波那契数列（Fibonacci sequence）、汉诺塔等也是典型的递归算法。

6.3.2 递归函数应用举例

【例6-2】阶乘问题。

阶乘算法是一种典型的递归算法：$n!=1\times2\times3\times\cdots\times n$，也可以用递归定义：$n!=(n-1)!\times n$。其中，n≥1，并且0!=1。将计算阶乘用函数fact(n)表示，可以看出：

```
fact(n)=(n-1)!×n=fact(n-1)×n
```

所以，fact(n)可以表示为n×fact(n−1)，只有n=1时需要特殊处理。

递归函数fact(n)的定义是：

```
def fact(n):
if n==1:
```

```
return 1
return n*fact(n-1)
```

fact(1)和fact(5)的调用结果为：

```
fact(1)
1
fact(5)
120
```

【例6-3】斐波那契数列。

斐波那契数列又称黄金分割数列，当n趋向于无穷大时，前一项与后一项的比值越来越逼近黄金分割。其数学定义为：把一条线段分割为两部分，使较大部分与全长的比值等于较小部分与较大的比值，则这个比值即为黄金分割。其比值近似值为0.618，通常用希腊字母Φ表示该值。因为数学家列昂纳多·斐波那契（Leonardoda Fibonacci）以兔子繁殖为例子而引入了这个数列，故又将其称为兔子数列，指的是这样一个数列：1、1、2、3、5、8、13、21、34……这个数列从第3项开始，每一项都等于前两项之和。

在数学上，斐波纳契数列以如下所述的递归方法定义：

```
F(0)=0,F(1)=1,F(n)=F(n-1)+F(n-2)（n≥2,n∈N）
def fib(n):
    a,b=0,1
    while b<n:
        print(b,end=' ')
        a,b=b,a+b
    print()
fib(20000)          #调用
```

下述调用与fib(20000)调用相等效：

```
f=fib               #assignment
f(20000)
```

6.4 案例解析

【例6-4】计算三角形面积程序。

输入三个数x、y、z作为三角形的三个边长，根据海伦公式 $p=(x+y+z)/2$,$S=\sqrt{p(p-x)(p-y)(p-z)}$ 计算三角形的面积S，编写一个计算三角形的面积的函数程序。

```
#example6.4
import math
def tri_area(x,y,z):
    if(x+y>z and x+z >y and z+y>x):
        p=(x+y+z)/2
        temp=p*(p-x)*(p-y)*(p-z)
        S=math.sqrt(temp)
```

```
        print("Δ面积: ",S)
    else:
        print("输入的三条边长不能构成Δ")
x=float(input("第1条边长: ",))
y=float(input("第2条边长: ",))
z=float(input("第3条边长: ",))
tri_area(x,y,z)
```

首先，为三角形的三个边长x、y、z赋值，然后通过函数体中的if...else语句根据三角形的两边之和大于第三边的三角形性质来判断输入的三条边能否构成三角形，如果能够构成，则使用海伦公式计算三角形面积，否则输出“输入的三条边长不能构成Δ”的提示。

程序运行结果如下：

```
第1条边长: 3
第2条边长: 4
第3条边长: 5
Δ面积: 6.0
```

再次运行上述程序，结果如下：

```
第1条边长: 3
第2条边长: 1
第3条边长: 5
输入的三条边长不能构成Δ
```

【例6-5】计算输入的列表的最大值、最小值和平均值程序。

编写函数，计算传入的列表的最大值、最小值和平均值，并以列表的方式返回，然后调用该函数。程序如下：

```
import math
def deal_num(lie):                      #定义deal_num(lie)函数，参数为lie
    list=[]                             #创建空列表list
    list.append(float(max(lie)))        #将传入的最大值尾加到list列表中
    list.append(float(min(lie)))        #将传入的最小值尾加到list列表中
    sum=0
    for i in lie:
        sum=sum+float(i)
    aver=float(sum)/lie.__len__()       #计算平均值
    list.append(aver)                   #将平均值尾加到list列表中
    return list
if __name__=="__main__":
l_02=input("输入一个序列:",)            #输入一个序列
l_03=tuple(l_02.split(','))
print("tuple: ",l_03)                   #输出元组
deal=deal_num(l_03)                     #调用deal_num()函数
print(deal)                             #输出列表的最大值、最小值和平均值
```

程序运行结果：

```
输入一个序列:3,5,7,9,2,8
tuple: '3','5','7','9','2','8'
[9.0,2.0,5.67]
```

在上述程序中，“if __name__=="__main__":”语句的作用是：每个Python模块（python文件）都包含内置的变量__name__，当运行模块被执行时，__name__等于文件名（包含扩展名.py）。如果import到其他模块中，则__name__等于模块名称（不包含扩展名.py）。而“__main__”等于当前执行文件的名称（包含扩展名.py）。所以当模块被直接执行时，__name__ == '__main__'的结果为真；而当模块被import到其他模块中时，__name__ == '__main__'的结果为假，就是不调用对应的方法。简而言之：__name__ 是当前模块名，当模块被直接运行时，模块名为 __main__ 。当模块被直接运行时，代码将被运行，当模块被导入时，代码不被运行。

输入一个元组之后，调用deal_num()函数，函数运算结果由return返回，然后输出返回运算结果。

【例6-6】统计字符串中不同字符的个数程序。

编写函数，接收传入的字符串，统计大写字母的个数、小写字母的个数、数字的个数、其他字符的个数，并以元组的方式返回这些数，然后调用该函数。

```
import sys
def deal_char(lie):                    #定义deal_char(lie)函数
list=[]                                #创建一个空列表
upper=0                                #大写字母的个数计数器
lower=0                                #小写字母的个数计数器
num=0                                  #数字的个数计数器
other=0                                #其他字符的个数计数器
for i in range(lie.__len__()):
    if lie[i].isupper():               #判断是否是大写字符
        upper+=1
    elif lie[i].islower():             #判断是否是小写字符
        lower+=1
    elif lie[i].isnumeric():           #判断是否是数字
        num+=1
    else:
        other+=1
list.append(upper)
list.append(lower)
list.append(num)
list.append(other)

print("list:",list)                    #输出列表list
return tuple(list)
```

```
if __name__=="__main__":
   l_02=input("input some char(or a string):",)      #接收传入的字符串

deal=deal_char(l_02)
print("tuple contain count with upper char,lower char ,number and others:",deal)
```

上述程序运行结果如下：

```
input some char(or a string):Hello 2020!
List:[1,4,4,2]
tuple contain count with upper char,lower char,number and others:( 1,4,4,2)
```

习　题

1. 编写函数：接收圆的半径，返回圆的周长。

2. 编写函数：接收两个整数，返回其最大公约数。

3. 编写函数：接收一个字符串，判断是否为回文字符串。

4. 编写函数：接收一个字符串参数，返回一个元组，元组的第 1 个元素为大写字母个数，第 2 个元素为小写字母个数。

5. 编写函数：计算字符串匹配的准确率。

6. 编写函数：输入 n 为偶数时，调用函数求 $1/2+1/4+\cdots+1/n$，当输入 n 为奇数时，调用函数 $1/1+1/3+\cdots+1/n$。

7. 编写函数：计算传入的列表的最大值、最小值和平均值，并以元组的方式返回。

8. 编写函数：判断一个数字是否为素数。

9. 编写函数：判断三边能否构成三角形。

10. 编写函数：输出 100 以内的素数。

第7章 模　块

当软件项目越来越大，软件越来越复杂时，若是由团队来开发，就不能把所有程序代码都放在单一源文件中，而需要通过某种规则与机制，分散到许多文件中，这时，自然会产生许多需求，借以管理软件程序代码、划分权责、便于重复使用。实际上，每个程序语言都有一套机制来管理程序，诸如函数库、程序库、模块、包、类库、软件开发框架等，目的就是程序代码重复使用。在Python中，这样的机制称为模块（module）与包（package，又称套件），模块用来组织程序的架构。

7.1　模块的概念

程序语言不会单独存在，而有丰富的程序库对其进行扩展和支撑，例如数学运算、网络连接、3D绘图、音频处理、机器人控制等。如果没有适当的程序库，在开发时就要辛苦地编写底层程序，而不能专注于真正想要开发的上层软件功能。

当Python程序日渐庞大时，需要将程序代码根据功能特色适当分割，供不同领域的开发者选择与使用。Python的模块可以是Python，也可以是C（或其他）语言的程序代码。

7.1.1　模块的定义

在程序开发过程中，为了编写可维护的代码，开发人员会把函数分组，分别放到不同的文件中，这样，每个文件包含的代码就相对较少。在Python中，一个独立的.py文件称为一个模块。

模块编写完毕后，可以在其他程序代码段中引用（程序复用）。在编写程序时可以引用Python内置的模块、自定义的模块和来自第三方开发者的模块。

使用模块还可以避免函数名和变量名的冲突。相同名字的函数和变量可以分别存在于不同的模块中，因此，编写模块时不必考虑名字会与其他模块冲突。但是，模块名要遵循Python变量命名规范，注意名字不要与内置函数名字冲突。

7.1.2 包的定义

一些较大规模的程序设计工作通常是团队合作的成果。为了避免合作中可能造成的模块名冲突，Python又引入了按目录来组织模块的方法，称为包（Package）。

例如，abc.py文件就是一个名字叫abc的模块，xyz.py文件就是一个名字叫xyz的模块。现在假设abc和xyz这两个模块名字与其他模块冲突了，于是，可以通过包来组织模块，避免冲突。方法是选择一个顶层包名，比如mycompany，按照图7-1所示目录存放。

引入包以后，只要顶层包的名字不与别人冲突，那所有模块都不会与别人冲突。现在，abc.py模块的名字就变成了mycompany.abc，类似的，xyz.py的模块名变成了mycompany.xyz。

每一个包目录下面都必须存在一个__init__.py文件，否则Python会把该目录当成普通目录。__init__.py可以是空文件，也可以有Python代码，因为__init__.py本身就是一个模块，而它的模块名就是mycompany。

类似的，可以有多级目录，组成多级层次的包结构（见图7-2）。文件www.py的模块名就是mycompany.web.www，两个文件utils.py的模块名分别是mycompany.utils和mycompany.web.utils。

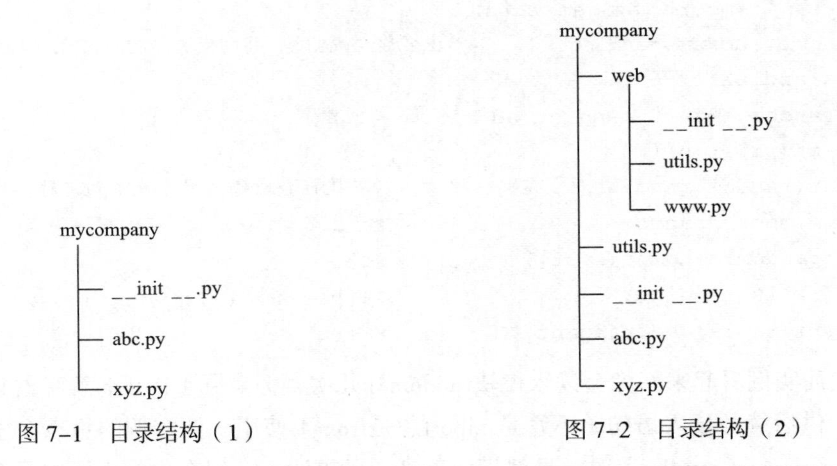

图 7-1 目录结构（1） 图 7-2 目录结构（2）

自己创建模块时，要注意命名不能和Python自带的模块名称冲突。例如，系统自带了sys模块，自己的模块就不可命名为sys.py，否则将无法导入系统自带的sys模块。

7.2 使用模块

一个Python程序可以由一个或多个模块组成，不管是语句（def、for、赋值）或表达式（运算符、函数调用、列表生成式），都必须放在模块中。Python解释器执行时，也是以模块为执行单位，当想使用别的模块文件中定义的函数、类型、常数时，须以语句import来读入，基本语法如下：

```
import 模块名
```

7.2.1 导入模块

1. import/as导入

当模块名很长时，例如Python标准程序库中的模块random，若每次都输入“random”，会很麻烦，在import语句后加上as子句，便可定义简短的新名称。

```
import 模块名 as 短名称
import random as r                      #读入模块random，指派给名称r
print(r.randint(1, 6))                  #从1到6（骰子）中随机挑一个
print(r.choice(['a', 'b', 'c']))        #从列表中随机挑出一个
ri = r.randint                          #也可以建立新名称ri
print(ri(1, 6))                         #从1到6（骰子）中随机挑一个
```

2. from/import导入

有些人不喜欢“模块名.属性项名”这样的语法，若使用from/import语句，可以直接读入属性项（名称与指向的对象），当你只需要模块中少数几个函数时，特别好用。

```
from 模块名 import 名称
from 模块名 import 名称 as 短名称
from random import randint         #产生名称randint，指向模块random中的函数randint
print(randint(1, 6))
from random import randint as ri        #短名称
ri print(ri(1, 6))
# print(random.randint(1, 6))           #若执行会出错，因为找不到名称
random import random                    #产生名称random，指向模块对象
print(random.randint(1, 6))             #ok
print(ri is randint)                    #True，不同名称指向同一个对象（函数）
print(ri is random.randint)             #True
```

虽然上面实例看起来好像会读入模块random好几次，但实际上Python解释器只会载入一次并记着，供后续的读入语句（不管是import还是from）使用。此实例的重点在于，当执行“from random import randint”时，虽然模块random已被读入，但在你的程序中只建立了名称randint指向random.randint，因为你手上并没有指向模块random的名称，所以无法使用。

模块是Python程序的基本单位。“from 模块名 import 名称”看起来好像只读入了某个名称，但实际上，模块会被整个载入，然后才根据from/import语句产生名称指向相对应的对象。

3. import *导入

from/import还可使用星号“*”，代表读入该模块内全部的属性项（名称与指向的对象）。其实作用就跟明确指定名称时一样，只不过现在由Python解释器代劳，读入模块内全部的名称。

```
from 模块名 import *
from random import *                    #读入全部
print(randint(1, 6))                    #直接使用
```

```
print(choice(['a', 'b', 'c']))
print(random())                          #名称random指向函数对象
print(random.randint(1, 6))              #出错，random并非模块
```

"import *"并非好的写法，因为会读入全部名称，容易与程序内的名称冲突。当需要读入多个模块时，不同模块可能使用相同的名称，更容易发生冲突，难以管理。

```
choice = [1, 2, 3, 4, 5, 6]              #名称choice、指向list对象
from random import *                     #读入，模块random中也有choice（函数）
print(choice(['a', 'b', 'c']))           #现在名称choice指向函数了
```

一般建议把import语句放在最外层、放在程序文件最前头，这样一看便知用了哪些模块。

编写模块时，可运用两种方式控制"import *"会读入哪些名称，第一种方式是在名称前冠上下画线"_"，这种名称不会被"import *"读入。假设有个模块文件如下：

下面以两个文件为例，一个是主程序文件，一个是模块文件，主程序文件会读入模块文件，使用里面定义的对象。

【例7-1】主程序文件。

```
#myhello.py
a = 26
b = 16
import mymath                            #读入模块
def main():
    print('Hello Python')
    print('pi is ' + str(mymath.pi)) #使用
    print('gcd(%d, %d) is %d' % (a, b, mymath.gcd(a, b)))
    print('factorial(%d) is %d' % (6, mymath.factorial(6)))
    print('Bye Python')
if __name__ == '__main__':
    print('%s as main program' % __name__)
    print('mymath.__name__ is %s ' % mymath.__name__)
    main()
```

【例7-2】模块文件。

```
# mymath.py
pi = 3.14
def gcd(a, b):
    while b:
        a, b = b, a%b
    return a
def factorial(n):
    result = 1
    for i in range(1, n+1):
        result *= i
```

```
    return result
if __name__ == '__main__':
    print('%s as main program' % __name__)
```

不管是哪一个文件，对Python解释器来说都是模块。主程序文件是整个程序的入口，所以又称主模块文件。每个模块都有个名为“__name__”的属性项，存放着代表模块名的字符串，主模块的__name__会是'__main__'，而其他模块的__name__是该模块文件的主文件名。

运行结果：在命令行下达指令“python myhello.py”。

```
$ python myhello.py
__main__ as main program
mymath.__name__ is mymath
Hello Python
pi is 3.14
gcd(26, 16) is 2
factorial(6) is 720
Bye Python
```

程序分析：

命令中的myhello.py是主程序文件，Python解释器为它建立模块（也是对象），其命名空间成为全局命名空间，串联的内置命名空间成为当前环境，在此环境中执行语句，所以之后的赋值语句与def语句，会在当前环境中产生名称a、b、main并指向相对应的对象。

执行语句“import mymath”时，解释器先寻找名为mymath的模块文件（扩展名不一定是.py），找到后载入并初始化，同样建立模块对象，此模块的命名空间成为mymath.py程序代码的全局命名空间，在此环境中执行mymath.py的语句，所以在全局范围中建立的名称pi、gcd、factorial被放进全局命名空间中，也就是该模块的命名空间；该模块的__name__是'mymath'、不是'__main__'，所以mymath.py的if语句为假、不会执行。

成功载入模块后，回到myhello.py的语句“import mymath”，此语句因处于全局范围，所以在全局命名空间中产生名称mymath，指向刚刚载入的模块对象。

然后，因为主模块的__name__是'__main__'，所以if语句为真，进入执行，执行print输出一些信息，接着调用函数main，通过名称mymath（指向模块对象）存取该模块的属性项，也就是该模块命名空间中的各个名称与其指向的对象，于是便能调用mymath.pi指向的int对象，调用mymath.gcd与mymath.factorial指向的函数对象。

若下达指令“python mymath.py”的话，流程同上，Python解释器把mymath.py当作主程序文件建立模块对象，并把它的属性项__name__设为'__main__'，它的命名空间成为全局命名空间，在此环境下执行程序语句，建立对象并指派给名称pi、gcd、factorial，然后执行if语句为真，输出一些信息后结束。

```
$ python mymath.py
__main__ as main program
```

7.2.2 自定义模块

下面这个简单例子有两个文件，一个是主程序文件，一个是模块文件，把这两个文件放在同一个目录中。模块文件（mymath.py）中有浮点数pi、函数gcd（计算两个整数的最大公因数）、函数factorial（阶乘）。

【例7-3】模块文件。

```
#mymath.py
pi = 3.14
def gcd(a, b):                              #最大公约数
   while b:
       a, b = b, a%b
   return a
def factorial(n):                           #n阶乘等于1 * 2 * 3 * ... * n
   result = 1
   for i in range(1, n+1):
      result *= i
   return result
```

在主程序文件（myhello.py）中使用“import mymath”读入模块，不要加扩展名.py。读入后，名称mymath指向刚刚读入的模块。模块在Python中也是个对象，类型是module。

【例7-4】主程序文件。

```
# myhello.py
import mymath


print('---Hello Python---')
print('pi is ' + str(mymath.pi))
print('gcd of 24 and 16 is ' + str(mymath.gcd(24, 16)))
print('factorial of 6 is ' + str(mymath.factorial(6)))
print('---Bye Python---')
```

程序分析：

在myhello.py中使用“import mymath”的作用就如执行mymath.py一样，只不过执行后得到的名称，会被放入模块对象中，因为Python模块对象有命名空间的功能，也就是说可存放东西（名称）；读入后，可以使用“模块名.名称”的语法存取模块中的名称（及其所指向的对象）。

7.2.3 标准程序库模块

除了Python语言的实例，Python的模块也可以使用其他语言来开发，例如Python的标准程序库模块就采用C语言实例。

在模块keyword中，列表kwlist含有Python的保留字，而函数iskeyword可判定某字符串是否为保留字。

```
>>> import keyword                          #读入模块keyword
```

```
>>> keyword.kwlist                              #含有所有保留字的列表
['False', 'None', 'True', 'and', 'as', 'assert', 'break', 'class',
'continue', 'def', 'del', 'elif', 'else', 'except', 'finally', 'for', 'from',
'global', 'if', 'import', 'in', 'is', 'lambda', 'nonlocal', 'not' , 'or',
'pass', 'raise', 'return', 'try', 'while', 'with', 'yield']
>>> len(keyword.kwlist)                         #有33个保留字
33
>>> keyword.iskeyword('import')                 #import是保留字
True
>>> keyword.iskeyword('a')                      #a不是保留字
False
```

有个模块含有Python全部的内置名称，包括函数、常数、异常等，而且已默认读入，名称是__builtins__，调用内置函数dir可列出模块内容。

```
>>> __builtins__
<module 'builtins' (built-in)>
>>> dir(__builtins__)                           #使用内置函数dir可列出模块内容
['ArithmeticError', 'AssertionError', 'AttributeError', 'BaseException
... 省略 ...
visionError', '_', '__build_class__', '__debug__', '__doc__', '__impor
... 省略 ...
, 'property', 'quit', 'range', 'repr', 'reversed', 'round', 'set', 'setattr',
'slice', 'sorted', 'staticmethod', 'str', 'sum', 'super', 'tuple', 'type',
'vars', 'zip']
```

模块math中含有各种常用的数学函数，如sqrt(x) 计算平方根、pow(x, y) 计算x的y次方、log10(x) 求出x的对数（底为10）、sin(x) 与tan(x) 等三角函数、pi与e等数学常数。

```
>>> import math
>>> math.pi, math.e                                  #数学常数pi与e
(3.141592653589793, 2.718281828459045)
>>> math.factorial(6)                                #阶乘
720
>>> math.log10(1000), math.log10(99)                 #对数（底为10）
(3.0, 1.99563519459755)
>>> math.log(math.e), math.log(1)                    #自然对数
(1.0, 0.0)
>>> math.log(32, 2), math.log(1024, 2)               #对数（底为2）
(5.0, 10.0)
>>> math.sqrt(9), math.sqrt(2)                       #平方根
(3.0, 1.4142135623730951)
>>> math.sin(math.radians(90))                       #三角函数
1.0
```

模块random与随机数相关，提供各种产生随机数的函数。

```
>>> import random
>>> random.seed()                          #读入模块时也会自动初始化
>>> random.random()                        #从0到1（不含）随机选出随机数（浮点数）
0.7700810990667997
>>> random.randint(1, 7)                   #从1到6随机选出随机数（整数），模拟骰子
3
>>> random.uniform(0.1, 0.5)               #从0.1到0.5随机选出随机数（浮点数）
0.24932535276146434
>>> li = [2, 99, 132, 44, 0.1]
>>> random.choice(li)                      #从列表li中随机选出一个元素
99
>>> random.shuffle(li)                     #打乱li的内容
>>> li
[2, 44, 0.1, 99, 132]
>>> random.choice(range(2, 20, 2))          #从指定范围内随机选出一个
12
```

不过Python的模块random提供的是虚拟随机数（又称伪随机数），不可用于密码、加密、安全等方面。这种随机数若了解其机制与规则，便能得知将会产生哪个随机数。当读者执行上面的程序代码时，将会得到与此处举例不同的随机数值，这是因为“random.seed()”默认情况下会以系统时间作为随机数种子进行初始化，既然种子不同，那么后续得到的随机数也会不同，但若每次都给定相同的种子，就会得到相同的随机数。

```
>>> import random
>>> random.seed(333)                       #输入某个东西作为种子
>>> random.random()
0.5548354562432166                         #读者应该也会得到此随机数值
>>> random.random()
0.3531347454768303                         #如果使用与作者相同的Python实例的话
```

7.2.4 搜索模块

读入模块时，Python会到模块搜寻路径（sys.path）逐一寻找，在启动Python解释器时，会从多个设定来源组成这个列表，包括：当前目录、环境变数PYTHONPATH、标准程序库目录、第三方程序库安装目录site-packages。

要注意的是，Python解释器会“按照顺序”逐一寻找，所以若两个模块同名、放在不同的路径，那么只会载入先找到的模块。

7.3 使用内置模块

Python内置了许多非常有用的模块，无须额外安装和配置即可直接使用。

【例7-5】用内置sys模块编写一个hello模块。

```
1   #hello.py
```

```
2   #!/usr/bin/env python3
3   # -*- coding: utf-8 -*-
4   ' 一个测试模块 '
5   __author__ = 'Michael Liao'
6   import sys
7   def test():
8       args = sys.argv
9       if len(args)==1:
10          print('Hello, world!')
11      elif len(args)==2:
12          print('Hello, %s!' % args[1])
13      else:
14          print('Too many arguments!')
15  if __name__=='__main__':
16      test()
```

程序分析：

第1行和第2行是标准注释，可让该hello.py文件直接在UNIX/Linux/Mac上运行，第3行注释表示.py文件本身使用标准UTF-8编码。

第4行是一个字符串，表示模块的文档注释，任何模块代码的第一个字符串都被视为模块的文档注释。

第5行使用__author__变量把作者写进去，这样当你公开源代码后别人就可以仰慕你的大名。

以上就是Python模块的标准文件模板，当然也可以全部删掉不写，但是，按标准做通常是有益的。后面开始就是真正的代码部分。

使用sys模块的第一步就是导入该模块：

```
import sys
```

sys模块导入后，就有了变量sys指向该模块，利用该变量可以访问sys模块的所有功能。

7.4　第三方模块

所谓“第三方”，通常指的是间接关系。Python拥有极为丰富的模块，除了标准程序库中的模块，还有很多第三方模块可供运用，为此必须制定一套标准，开发方与使用方共同遵守，才能轻松分享、发布、使用模块。

以智能手机的App为例，开发者须根据一套格式与架构，把他的App包装好成为独立的软件套件，上架到软件商店，例如iOS的App Store与Android的Google Play，然后使用者通过各种形式下载与安装。

Python也有建立、包装、发布、下载、安装／移除软件包的机制，统称为包管理系统。所以在Python环境中应用的第三方模块，如Pillow、MySQL驱动程序、Web框架Flask、科学计算Numpy等，基本上都会在Python官方的pypi.python.org网站注册，只要找到对应的模块名字，即可通过Python包管理工具pip下载和安装。

习　题

1. 删除 Python 包中的 __init__.py 后试着读入，会产生什么错误信息?

2. 解释“from xyz import abc”与“from .import abc”有何不同。

3. 建立模块文件，开启 Python 解释器，试着在互动模式读入该模块文件。

4. 是否有只能使用 import 而不能使用 from 的情况。

5. 含有 __main__.py 文档的目录可被视为一个程序，请试试看。该目录若以 ZIP 压缩成为一个文档，也可视为一个程序。

第 8 章 Python 人工智能应用

人工智能主要有自然语言处理、计算机视觉、语音识别、专家系统以及交叉领域等。计算机视觉是一门研究如何使机器“看”的科学，更进一步地说，就是指用摄影机和计算机代替人眼对目标进行识别、跟踪和测量等机器视觉，并进一步做图形处理，使计算机处理成为更适合人眼观察或传送给仪器检测的图像。本章通过百度AI开放平台，用Python来实现人脸识别的人工智能应用。

8.1 百度 AI 基础

百度AI开放平台为开发者提供了各项技术文档、产品服务、应用案例等，详见百度AI官网http://ai.baidu.com。使用百度AI开放平台，需要按照流程完成介入服务。

8.1.1 接入百度 AI

1. 成为开发者

三步完成账号的基本注册与认证：

① 单击百度AI开放平台导航右侧的控制台，选择需要使用的AI服务项。若为未登录状态，将跳转至登录界面，可使用百度账号登录。如还未持有百度账户，可先注册百度账户。

② 首次使用，登录后将会进入开发者认证页面，填写相关信息完成开发者认证。注：如已经是百度云用户或百度开发者中心用户，此步可略过。

③ 通过控制台左侧导航，选择“产品服务”→“人工智能”，进入具体AI服务项的控制面板（如文字识别、人脸识别等），进行相关业务操作。

2. 创建应用

账号登录成功，需要创建应用才可正式调用AI。应用是调用API服务的基本操作单元，可以基于应用创建成功后获取的API Key及Secret Key进行接口调用操作及相关配置。

以人脸识别为例，可按照图8-1所示的操作流程，完成创建操作。

图 8-1　创建应用

创建应用，需填写的内容如下：

① 应用名称：必填项，用于标识所创建应用的名称，支持中英文、数字、下画线及中横线，此名称一经创建完毕，不可修改。

② 应用类型：必填项，根据应用的适用领域，在下拉列表中选取一个类型。

③ 接口选择：必填项，每个应用可以勾选业务所需的所有AI服务的接口权限（仅可勾选具备免费试用权限的接口能力），应用权限可跨服务勾选，创建应用完毕，此应用即具备了所勾选服务的调用权限。

④ 包名绑定：选填项，如果需要使用OCR、AR及语音客户端SDK服务（iOS/Android），需要绑定包名信息，以便生成授权License，勾选“通用文字识别”权限后，即展现此项。注：人脸识别客户端SDK需要单独申请使用，无须在此配置。

⑤ 应用平台：选填项，选择此应用适用的平台，可多选。

⑥ 应用描述：必填项，对此应用的业务场景进行描述。

以上内容根据自己的需要，填写完毕后即可单击“立即创建”按钮，完成应用的创建。应用创建完毕后，单击左侧导航中的“应用列表”按钮，进行查看，如图8-2所示。

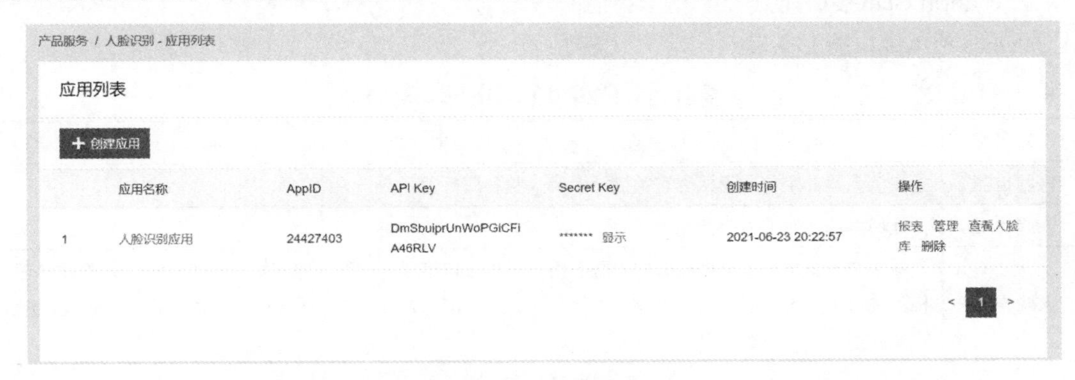

图 8-2　创建的应用列表

3. 获取密钥

在创建完应用后，平台将会分配此应用的相关凭证，主要为AppID、API Key、Secret Key。以上三个信息是应用实际开发的主要凭证，每个应用之间各不相同，须妥善保管。

8.1.2 安装人脸识别 Python SDK

1. 安装Python SDK

使用百度AI人脸识别时，首先要安装人脸识别Python SDK。安装使用Python SDK有如下方式：

① 如果已安装pip，执行pip install baidu-aip即可。

② 如果已安装setuptools，执行python setup.py install即可。

这里使用第一种方式安装，安装界面如图8-3所示。

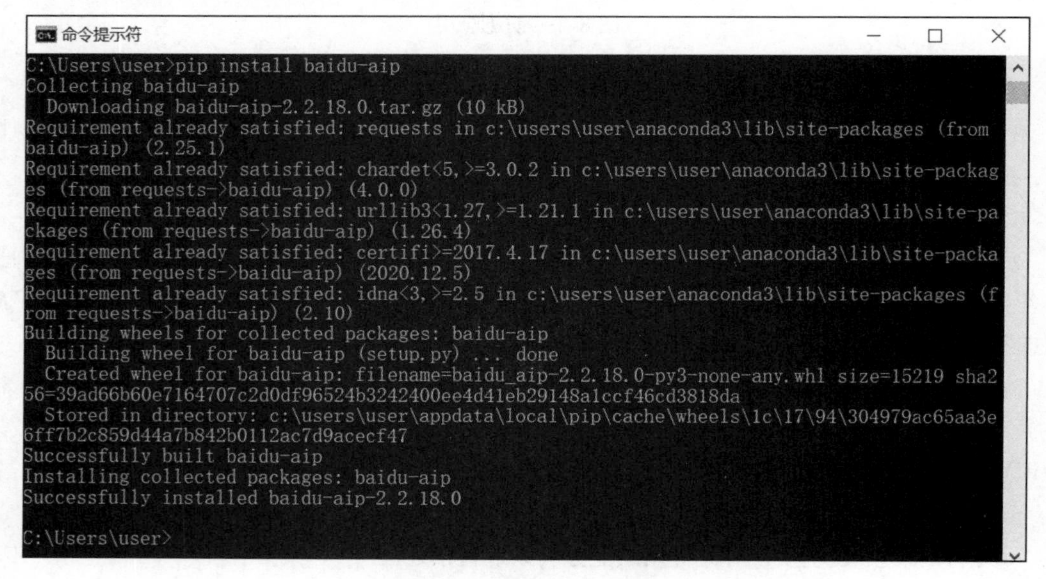

图 8-3 安装 Python SDK

2. Python SDK接口能力

Python SDK接口能力见表8-1。

表 8-1 Python SDK 接口能力

接口名称	接口能力
人脸检测	检测人脸并定位，返回五官关键点，及人脸各属性值
人脸比对	返回两两比对的人脸相似值
人脸查找	在一个人脸集合中找到相似的人脸，由一系列接口组成，包括人脸识别、人脸认证、人脸库管理相关接口（人脸注册、人脸更新、人脸删除、用户信息查询、组列表查询、组内用户列表查询、组间复制用户、组内删除用户）

注：具体内容可参照百度AI官网。

3. 人脸识别 Python SDK目录结构

```
├── README.md
├── aip                         //SDK目录
│   ├── __init__.py             //导出类
│   ├── base.py                 //aip基类
│   ├── http.py                 //http请求
│   └── face.py                 //人脸识别
└── setup.py                    //setuptools安装
```

4. 新建AipFace

AipFace是人脸识别的Python SDK客户端，为使用人脸识别的开发人员提供了一系列交互方法。参考如下代码新建一个AipFace：

```
from aip import AipFace
""" 你的 APPID AK SK """
APP_ID = '你的 App ID'
API_KEY = '你的 Api Key'
SECRET_KEY = '你的 Secret Key'
client = AipFace(APP_ID, API_KEY, SECRET_KEY)
```

8.2　人脸检测

1. 调用人脸检测

百度AI的SDK提供了6条可选参数，可选参数中包含的常用信息如下：

```
""" 调用人脸检测 """
client.detect(image, imageType);
""" 如果有可选参数 """
options = {}
options["face_field"] = "age"
options["max_face_num"] = 2                     #最大值为10
options["face_type"] = "LIVE"
options["liveness_control"] = "LOW"             #较低的活体
""" 带参数调用人脸检测 """
client.detect(image, imageType, options)
```

2. 返回调用值

```
res = client.detect(image, imageType, options)
print(res)
try:
   res_list = res['result']
except Exception as e:
   res_list = None
return res_list
```

3. 人脸检测

通过百度AI进行简单的人脸检测，本例仅返回人数、年龄、颜值，程序如下：

```
import base64
from aip import AipFace
APP_ID = '你的 App ID'
API_KEY = '你的 Api Key'
SECRET_KEY = '你的 Secret Key'
client = AipFace(APP_ID, API_KEY, SECRET_KEY)
def face(img_data,client):
    data = base64.b64encode(img_data)
    image = data.decode()
    imageType = "BASE64"
    client.detect(image, imageType)
    options = {}
    options["face_field"] = "beauty,age,faceshape"
    options["max_face_num"] = 10
    result = client.detect(image, imageType, options)
     print("人数: ", result['result']['face_num'])                    #打印人数
    print("年龄: ", result['result']['face_list'][0]['age'])      #年龄
    print("颜值: ", result['result']['face_list'][0]['beauty']) #颜值
if __name__ == "__main__":
    with open("my.jpg", "rb") as f:
        data = f.read()
face(data,client)
```

运行结果：

```
>>>
======= RESTART: D:/Python_baiduaip/python_baiduaip00.py ========
人数: 1
年龄: 22
颜值: 60.56
>>>
======= RESTART: D:/Python_baiduaip/python_baiduaip00.py ========
人数: 1
年龄: 37
颜值: 36.45
```

8.3 人脸对比

1. 通过python SDK中的AipFace类获取一个客户端对象

```
from aip import AipFace
""" 你的APPID, API_KEY和SECRET_KEY """
APP_ID = '你的APP_ID'
```

```
API_KEY = '你的API_KEY'
SECRET_KEY = '你的SECRET_KEY'
client = AipFace(APP_ID, API_KEY, SECRET_KEY)
```

2. 通过获取的客户端对象client进行操作

当前代码所在目录有两张jpg图片，通过客户端的match方法进行对比操作，观察打印出的result值。

```
result = client.match([
    {
        'image': str(base64.b64encode(open('liu.jpg', 'rb').read()), 'utf-8'),
        'image_type': 'BASE64',
    },
    {
        'image': str(base64.b64encode(open('liu1.jpg', 'rb').read()), 'utf-8'),
        'image_type': 'BASE64',
    }
])
print(result)
```

发现result为一个json类型的数据，可以通过字典方式进行获取。如通过result['error_msg']判断是否对比成功，成功则输出result['result']['score']为对比完的相似度分数；否则打印出错误信息。

```
if result['error_msg'] == 'SUCCESS':
    score = result['result']['score']
print(score)
```

3. 程序代码

```
from aip import AipFace
import base64
""" 你的APPID，API_KEY和SECRET_KEY """
APP_ID = '你的APP_ID'
API_KEY = '你的API_KEY '
SECRET_KEY = '你的SECRET_KEY'
pic1 = "lf1.jpg"
pic2 = "lf2.jpg"
# 封装成函数，返回获取的client对象
def get_client(APP_ID, API_KEY, SECRET_KEY):
    """
    返回client对象
    :param APP_ID:
    :param API_KEY:
    :param SECRET_KEY:
    :return:
    """
```

```
    return AipFace(APP_ID, API_KEY, SECRET_KEY)
client = get_client(APP_ID, API_KEY, SECRET_KEY)
result = client.match([
    {
        'image': str(base64.b64encode(open(pic1, 'rb').read()), 'utf-8'),
        'image_type': 'BASE64',
    },
    {
        'image': str(base64.b64encode(open(pic2, 'rb').read()), 'utf-8'),
        'image_type': 'BASE64',
    }
])
print(result)

if result['error_msg'] == 'SUCCESS':
    score = result['result']['score']
    print('两张图片相似度: ', score)
else:
    print('错误信息: ', result['error_msg'])

import matplotlib.pyplot as plt
pc1 = plt.imread(pic1)
pc2 = plt.imread(pic2)
plt.imshow(pc1)
plt.show()
plt.imshow(pc2)
plt.show()
```

4. 运行结果

对比图片如图8-4所示。对比结果如图8-5所示。

图 8-4　对比图片

```
>>>
=========== RESTART: D:\Python_baiduaip\python_baiduaip1.py ===========
两张图片相似度:    95.30877686
>>>
```

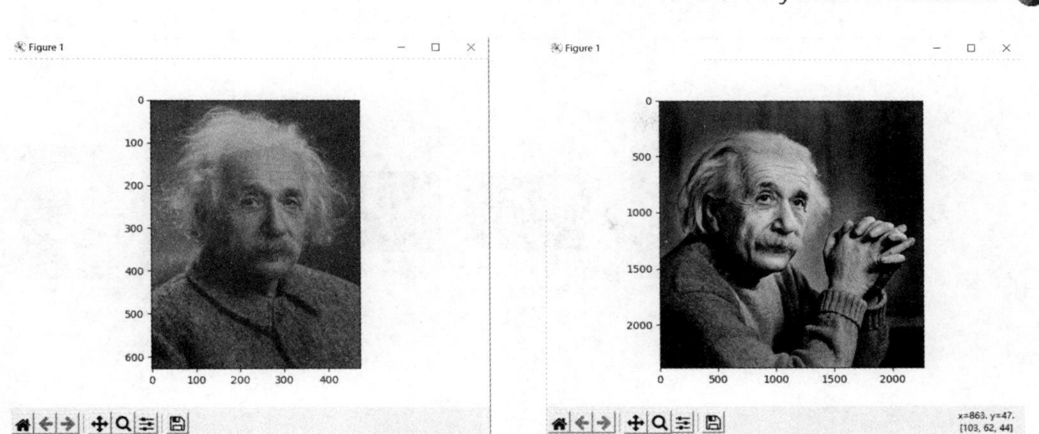

图 8–5　对比结果

8.4　人 脸 查 找

1.百度AI创建可视化人脸库

以百度AI开放平台开发者身份登录，完成人脸库新建、用户组新建、用户新建以及添加人脸图片，具体过程如图8–6～图8–8所示。

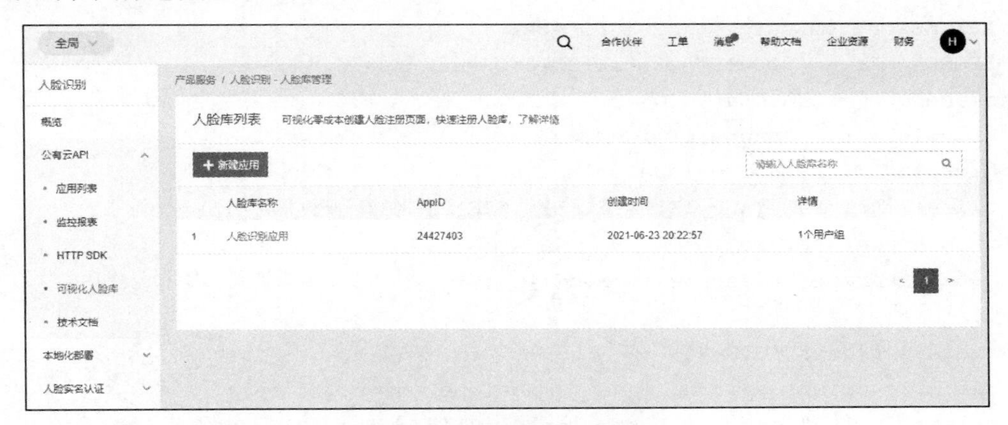

图 8–6　创建可视化人脸库

图 8–7　新建用户组

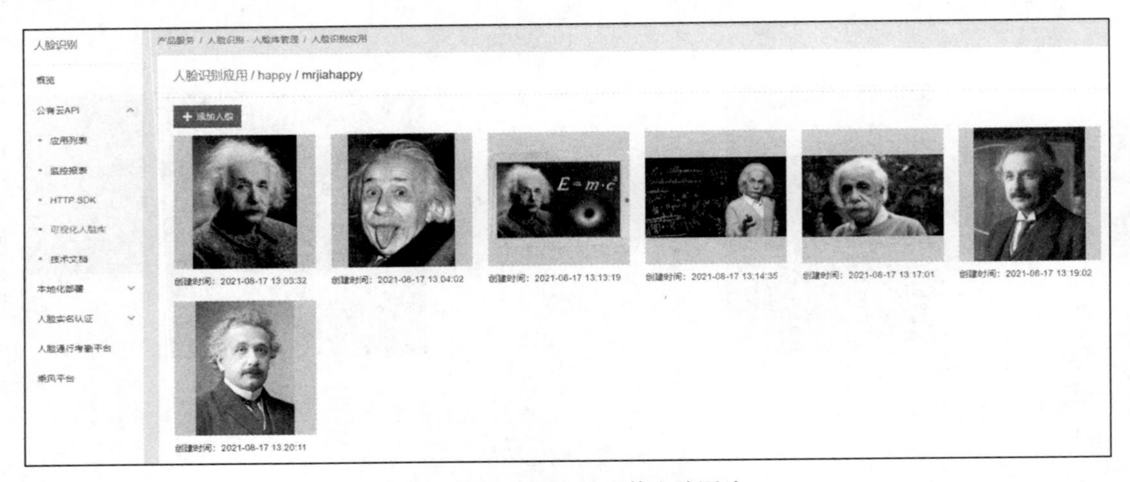

图 8-8　新建用户并上传人脸图片

2. 人脸搜索代码

```
from aip import AipFace
import base64
# 定义常量
APP_ID = '24427403'
API_KEY = 'DmSbuiprUnWoPGiCFiA46RLV'
SECRET_KEY = '9LDulDU6ak16lWrYLTFTQRec0Ommso3G'
imageType = "BASE64"
groupIdList = "happy,mrjiahappy"                  #人脸组
filePath="D:/Python_baiduaip/lf1.jpg"             #照片路径
client = AipFace(APP_ID, API_KEY, SECRET_KEY) #初始化AipFace对象
f=open(filePath,"rb")
data = base64.b64encode(f.read())                 #编码格式，技术文档要求
f.close()
image=str(data,'UTF-8')
result = client.search(image, imageType, groupIdList);
print(result["result"]["user_list"][0]["group_id"]) #打印用户组
print(result["result"]["user_list"][0]["user_id"])  #打印用户ID
print(result["result"]["user_list"][0]["score"])    #打印置信度
if result["error_msg"] in "SUCCESS":
    score=result["result"]["user_list"][0]["score"]
    user_id=result["result"]["user_list"][0]["user_id"]
    if score>85:
        print(user_id,":识别成功")
    else:
        print("人脸库无此人")
else:
    print("error:",result["error_msg"])
```

3. 运行测试

根目录下的pic文件夹分别存放非本人人脸照片、人脸库相同照片、本人照片，然后分别进行测试，运行结果如下：

```
>>>
====== RESTART: D:/Python_baiduaip/python_baiduaip3.py =======
happy
mrjiahappy
18.155242919922
人脸库无此人
>>>
====== RESTART: D:/Python_baiduaip/python_baiduaip3.py =======
happy
mrjiahappy
100
mrjiahappy :识别成功
>>>
====== RESTART: D:/Python_baiduaip/python_baiduaip3.py =======
happy
mrjiahappy
87.249572753906
mrjiahappy :识别成功
```

习　　题

Python 利用百度 AI 开放平台，实现人脸识别。